中等职业学校教学用书（计算机应用专业）

Visual Basic 程序设计

（第 5 版）

丁爱萍　主编

电子工业出版社.

Publishing House of Electronics Industry

北京·BEIJING

内 容 简 介

Visual Basic 6.0 中文版是 Microsoft 公司推出的 Windows 应用程序开发工具，是 Microsoft Visual Studio 6.0 系列开发产品之一。使用它，能够更迅速、更简捷地开发 Windows 应用程序。

本书采用"任务驱动式"教学方法介绍 Visual Basic 程序设计的基础知识与方法。主要内容有：Visual Basic 工作环境，可视化编程的概念和步骤，Visual Basic 语言基础，顺序结构程序设计，选择结构程序设计，循环结构程序设计，数组，过程，菜单和工具栏设计，对话框设计，图形和图像设计，程序调试等。

本书概念清晰，实用性强，浅显易懂，以"重点突出、难点分散"的教材编写方法将 Visual Basic 复杂的控件和属性设置分散到各章节中，特别适合初学者学习。本书可作为各类中职、高职院校的教材，Visual Basic 培训班用书，也可供初学编程的人员参考使用。

本书配有电子教学参考资料包（包括教学指南、电子教案和习题答案），详见前言。

未经许可，不得以任何方式复制或抄袭本书之部分或全部内容。

版权所有，侵权必究。

图书在版编目（CIP）数据

Visual Basic 程序设计 / 丁爱萍主编．—5 版．—北京：电子工业出版社，2022.1

ISBN 978-7-121-42614-8

Ⅰ．①V… Ⅱ．①丁… Ⅲ．①BASIC 语言—程序设计 Ⅳ．①TP312.8

中国版本图书馆 CIP 数据核字（2022）第 015189 号

责任编辑：郑小燕

印　　刷：北京雁林吉兆印刷有限公司
装　　订：北京雁林吉兆印刷有限公司
出版发行：电子工业出版社
　　　　　北京市海淀区万寿路 173 信箱　邮编　100036
开　　本：880×1 230　1/16　印张：15.25　字数：366 千字
版　　次：2000 年 9 月第 1 版
　　　　　2022 年 1 月第 5 版
印　　次：2022 年 1 月第 1 次印刷
定　　价：39.00 元

凡所购买电子工业出版社图书有缺损问题，请向购买书店调换。若书店售缺，请与本社发行部联系，联系及邮购电话：（010）88254888，88258888。

质量投诉请发邮件至 zlts@phei.com.cn，盗版侵权举报请发邮件至 dbqq@phei.com.cn。

本书咨询联系方式：（010）88254550，zhengxy@phei.com.cn。

前　言

　　Visual Basic（简称 VB）是 Microsoft 公司推出的一个集成开发环境，是 Microsoft Visual Studio 系列开发工具之一，具有简单易学、功能强大、软件费用支出低、见效快等特点。Visual Basic 采用面向对象的程序设计技术，使开发 Windows 应用程序更迅速、更简捷。不论是 Microsoft Windows 应用程序的资深专业开发人员还是初学者，Visual Basic 都为他们提供了整套工具，以方便开发应用程序。

　　Visual Basic 继承了 Basic 语言易学易用的特点，学习 Visual Basic 要比学习其他面向对象的计算机语言（如 Java、C++等）容易得多，因此，Visual Basic 成为学习编程人员的首选语言。本书是以 Visual Basic 6.0 中文版为背景编写的。全书共分为 12 个单元，内容全面，但不是面面俱到地罗列 Visual Basic 的所有功能，而是本着实用性的原则对内容有所取舍。每一单元都围绕一个主题展开，循序渐进、由浅入深地介绍了使用 Visual Basic 语言进行应用程序开发的思想与方法。

　　本书的最大特点是通过"任务驱动式"教学方法来介绍程序设计的基础与方法，避免枯燥、空洞的理论，并且书中所写的任务本身都具有很强的实用性。在任务的讲解上，首先导入任务，明确指示学习目标，然后介绍实现该目标的基本思想和方法，最后详细讲解其设计过程（包括窗体的设计和代码的编写）。

　　本书试图让读者在学习 Visual Basic 的同时，还能掌握面向对象编程技术的一般思想和方法。读者通过对 Visual Basic 这种较简单的面向对象编程语言的学习，可以为以后学习其他面向对象编程语言打下一个坚实的基础。

　　本书定位于 Visual Basic 初学者，阅读本书前不需要读者具有 Visual Basic 方面的基础知识，甚至可以是对编程技术一无所知的新手。

　　本书是编者在多年 Visual Basic 教学的基础上精心策划和编写的，概念清晰、层次分明、浅显易懂、实例丰富而实用，适用于初学 Visual Basic 编程的中职、高职学生，也适合各类 Visual Basic 培训班学员，同时可供初学编程的人员参考使用。

　　为了方便教师教学，本书还配有教学指南、电子教案和习题答案（电子版）。请有此需要的教师登录华信教育资源网（www.hxedu.com.cn）免费注册后再进行下载，有问题时请在网站留言板留言或与电子工业出版社联系（E-mail:hxedu@phei.com.cn）。

编　者
2021 年 10 月

目 录

初识 Visual Basic

Visual Basic（简称 VB）是 Microsoft 公司研制的、Windows 环境下的软件开发产品，它是集程序设计、调试和查错等功能于一体的功能强大的应用程序开发工具。

本单元将通过若干教学任务，使学生对 VB 有一个初步的认识。具体内容包括：

➢ VB 的含义、发展历史、特点。

➢ VB 的启动和退出方法。

➢ VB 集成开发环境。

➢ VB 帮助系统的使用方法。

 ## 任务 1.1　Visual Basic 入门

任务导入

在学习 Visual Basic 之前，我们先对 Visual Basic 有一个初步的认识。通过本任务，我们将了解 Visual Basic 的含义、发展历史、特点等知识。

学习目标

➢了解 Visual Basic 的含义。

➢了解 Visual Basic 的发展历史。

➢了解 Visual Basic 的特点。

任务实施

1. 什么是 Visual Basic

Visual Basic 是一种具有良好图形用户界面的程序设计语言，它采用面向对象和事件驱动的程序设计机制，把过程化和结构化编程集合在一起，是一种易学实用的面向对象的软件开发工具。

Visual 的意思是"视觉的"或"可视的"，也就是直观的编程方法。Visual 是指开发图形用户界面的方法，不需要编写大量代码去描述界面元素的外观和位置，只需把预先建立的对象拖放到窗体上。

Basic 是指 BASIC 语言，之所以叫作"Visual Basic"就是因为它使用了 BASIC 语言作为代码。VB 在原有 BASIC 语言的基础上进一步发展，到目前为止包含了数百条语句、函数及关键字。

2．Visual Basic 的发展历史

1991 年，微软公司推出了 Visual Basic 1.0，当时引起了很大的轰动。许多专家把 VB 的出现当作软件开发史上的一个具有划时代意义的事件。在当时，它是第一个"可视"的编程软件。这使得程序员欣喜之极，都尝试在 VB 的平台上进行软件创作。

微软不失时机地在四年内接连推出 2.0、3.0、4.0 三个版本。并且从 VB 3.0 开始，微软将 Access 的数据库驱动集成到了 VB 中，这使得 VB 的数据库编程能力大大提高。从 VB 4.0 开始，VB 引入了面向对象的程序设计思想。1997 年和 1998 年分别推出了 5.0 和 6.0 版本。从 2002 年开始，微软将.NET Framework 与 Visual Basic 结合而成为 Visual Basic .NET(vb .net)，重新打造 VB，新增许多特性及语法，使其成为一种专业化的开发语言和环境。用户可用 Visual Basic 快速创建 Windows 程序，并可编写企业水平的客户端/服务器程序及强大的数据库应用程序。

由于 Visual Basic 6.0 具有功能强大、简单易学的特点，成为了中职、高职学生学习程序设计的入门语言，并得到广泛普及。使用它不仅可以设计标准的 Windows 程序，还可以进行数据库的设计和编写多媒体方面的程序。

本书以 Visual Basic 6.0 为蓝本进行介绍。

3．Visual Basic 的特点

Visual Basic（简称 VB）是目前所有开发语言中最简单、最容易使用的语言。作为程序设计语言，VB 主要有以下特点。

（1）面向对象的可视化设计平台

VB 提供的可视化设计平台，把 Windows 界面设计的复杂性"封装"起来。程序员不必再为界面的设计而编写大量程序代码，只需按设计的要求，用系统提供的工具在屏幕上"画出"各种对象，VB 自动产生界面设计代码，程序员所需要编写的只是实现程序功能的那部分代码，从而大大提高了编程的效率。

（2）事件驱动的编程机制

在图形用户界面的应用程序中，用户的动作（事件）掌握着程序的运行流向，每个事件都驱动一段程序的运行。程序员在设计应用程序时，只需编写若干微小的子程序，即过程。这些过程分别面向不同的对象，由用户操作引发某个事件来驱动完成某种特定的功能，或由事件驱动程序调用通用过程来执行指定的操作。

（3）结构化的设计语言

VB 是在结构化的 BASIC 语言基础上发展起来的，具有高级程序设计语言的语句结构，接近于自然语言和人类的逻辑思维方式，其语句简单易懂；其编辑器可自动进行语法错误检查，同时具有功能强且使用灵活的调试器和编译器。

（4）充分利用 Windows 资源

VB 提供的动态数据交换（DDE）编程技术，可以在应用程序中实现与其他 Windows

应用程序建立动态数据交换、在不同的应用程序之间进行通信的功能。

VB 提供的对象链接与嵌入（OLE）技术则是将每个应用程序都看作一个对象，将不同的对象链接起来，嵌入某个应用程序中，从而可以得到具有声音、影像、图像、动画、文字等各种信息的集合式文件。

VB 还可以通过动态链接库（DLL）技术将 C/C++或汇编语言编写的程序加入 VB 的应用程序中，或调用 Windows 应用程序接口（API）函数，实现 SDK 所具有的功能。

（5）开放的数据库功能与网络支持

VB 系统具有很强的数据库管理功能。它不仅可以管理 MS Access 格式的数据库，还能访问其他外部数据库。VB 还提供了开放式数据连接（ODBC）功能，可以通过直接访问或建立连接的方式使用并操作后台大型网络数据库，如 SQL Server、Oracle 等。

 任务 1.2　Visual Basic 的启动与退出

➡ 任务导入

在了解了 VB 的基本特点后，我们将打开 VB 设计大门。通过本任务，我们将熟悉 VB 的集成开发环境等。

➡ 学习目标

➤ 掌握启动和退出 VB 的方法。

➤ 熟悉 VB 集成开发环境的各组成部分。

➡ 任务实施

1．启动 Visual Basic

① 在 Windows 任务栏中，单击"开始"按钮→"开始"菜单→"所有程序"→"Microsoft Visual Basic 6.0 中文版"，启动 Visual Basic 6.0。

② 启动 Visual Basic 6.0 后，首先显示"新建工程"对话框，如图 1-1 所示，系统默认为"新建"选项卡中的"标准 EXE"项。

③ 双击"新建"选项卡中的"标准 EXE"项，或直接单击"打开"按钮，进入 VB 的集成开发环境，如图 1-2 所示。

在集成开发环境中集中了许多不同的功能，如程序设计、编辑、编译和调试等。

2．VB 的集成开发环境

Visual Basic 将支持软件开发的各种功能集成在一个公共的工作环境中，称为"集成开发环境"，如图 1-2 所示。

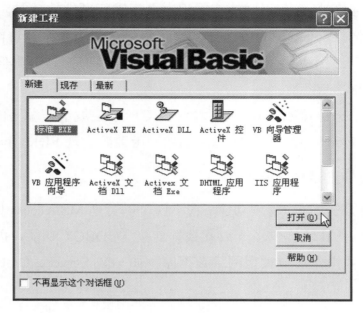

图 1-1 "新建工程"对话框

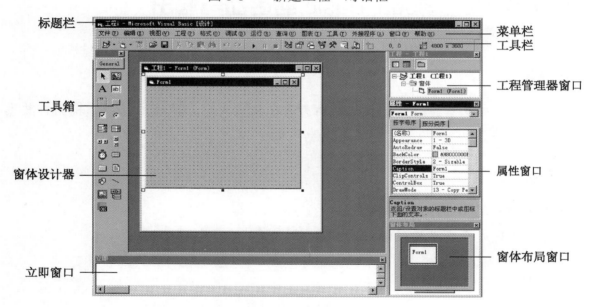

图 1-2 VB 的集成开发环境

在集成开发环境中，集中提供了程序开发所需要的各种工具、窗口和方法，用户可以方便地在软件开发的各阶段工作中来回切换，从而提高开发效率。

（1）标题栏

标题栏中显示窗体控制菜单图标、当前激活的工程名称、当前工作模式以及最小化、最大化/还原、关闭按钮。

（2）菜单栏

菜单栏中显示"文件""编辑""视图""工程""格式"等菜单项，其中包含了 VB 编程的常用命令。单击菜单栏中的菜单名，即可弹出下拉菜单。在下拉菜单中显示各种功能子菜单，包含执行该项功能的热键和快捷键。

（3）工具栏

菜单栏下面是工具栏，工具栏提供许多常用命令的快速访问按钮。单击某个按钮，即可执行对应的操作。

VB 集成开发环境中的默认工具栏是"标准"工具栏，指向菜单栏或工具栏，单击鼠标右键，弹出工具栏快捷菜单，可进行标准、编辑、窗体编辑器和调试等工具栏的显示 / 隐藏的切换。工具栏可以紧贴在菜单栏之下，也可拖放到窗体的其他地方。

（4）工具箱

新建或打开"标准 EXE"工程时，VB 将同时打开标准工具箱。VB 的标准工具箱包含了建立应用程序所需的各种控件，如图 1-3 所示。

另外，VB 还提供了很多 ActiveX 控件，可以添加到工具箱中。

（5）工程管理器窗口

图 1-3 工具箱

工程是指用于创建一个应用程序的所有文件的集合。

工程管理器窗口（简称工程窗口）采用 Windows 资源管理器式的界面，层次分明地列出当前工程中的所有文件，如图 1-4 所示。

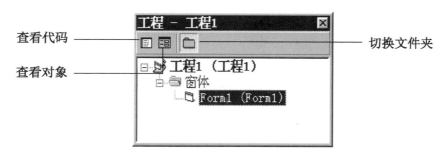

图 1-4 工程窗口

在工程窗口中有"查看代码""查看对象""切换文件夹"3 个按钮。

"查看代码"按钮▣：可打开"代码编辑器"查看代码。

"查看对象"按钮▣：可打开"窗体设计器"查看正在设计的窗体。

"切换文件夹"按钮▢：可以隐藏或显示包含对象文件夹中的个别项目列表。

（6）属性窗口

在 VB 集成环境的默认视图中，属性窗口位于工程窗口的下面，如图 1-5 所示。属性窗口包含选定对象（窗体或控件）的属性列表，在设计程序时可通过修改对象的属性来设计其外观和相关数据，这些属性值是程序运行时各对象属性的初始值。

属性窗口包括如下。

对象下拉列表框——标识当前选定对象的名称以及所属的类。

选项卡——可按字母排序和分类排序两种排序方式显示所选对象的属性。

属性列表框——列出了当前选定的窗体或控件的属性设置值。

属性说明——显示当前属性的简要说明。

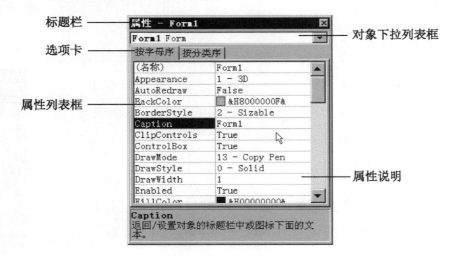

图 1-5　属性窗口

如果当前没有显示出属性窗口，可通过以下方法之一将其打开：

➢ 单击工具栏中的"属性窗口"按钮🔲。

➢ 单击"视图"菜单→"属性窗口"命令。

（7）窗体设计器

窗体是应用程序的用户界面，用户需在窗体设计器中设计窗体的外观。

"窗体设计器"也称为"对象窗口"，每一个应用程序中的窗体，都有与之对应的窗体设计器窗口。每个窗体的名称不能相同，默认的窗体名依次为 Form1、Form2、Form3 等。

在窗体的空白区域单击右键，弹出快捷菜单，如图 1-6 所示，可切换到"代码窗口""菜单编辑器""属性窗口"，还可以选择"锁定控件"和"粘贴"。

图 1-6　窗体设计器窗口

（8）窗体布局窗口

窗体布局窗口中有一个表示屏幕的小图像，用来显示窗体在屏幕中的位置。可以用鼠标拖动其中的窗体小图标来调整窗体在屏幕中的位置。

（9）立即窗口

使用"立即窗口"可以在中断状态下查询对象的值，也可以在设计时查询表达式的值或命令的结果，如图 1-7 所示，第 1 行是输入的命令，第 2 行是输出的结果。

3. 退出 Visual Basic

如果要退出 VB，可以使用下列方法之一：

➤ 单击标题栏右边的"关闭"按钮 。

➤ 单击"文件"菜单→"退出"命令。

执行上述任一命令后，VB 会自动判断用户是否修改了工程的内容，并询问用户是否保存文件或直接退出。

图 1-7 在"立即窗口"中输出表达式的值

任务 1.3 帮助功能的使用

⟫ 任务导入

Microsoft 公司开发的应用软件处处为用户着想，在每个应用软件中都提供了详细的联机帮助文档，帮助功能随处可用。本任务将学习 VB 中常用的几种帮助功能的使用方法。

⟫ 学习目标

➤ 了解 VB 在线帮助系统的使用方法。

➤ 了解 VB 上下文相关帮助的使用方法。

➤ 了解 VB "帮助"中示例代码的使用方法。

⟫ 任务实施

1. 使用 MSDN Library 在线帮助

在 VB "帮助"菜单中，分别选择"内容""索引""搜索"命令后，将打开类似于 IE 浏览器的"MSDN Library Visual Studio 6.0"窗口，如图 1-8 所示。

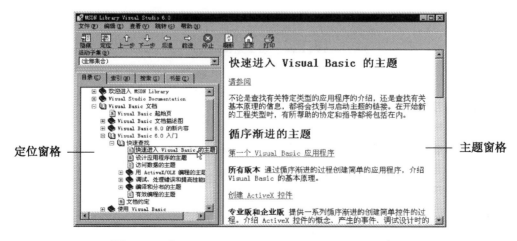

图 1-8 "MSDN Library Visual Studio 6.0"窗口

该窗口中有定位和主题两个窗格。在定位窗格中，有"目录""索引""搜索""书签"

4 个选项卡，分别选择这些选项卡中的某个主题后，即可在主题窗格中查看有关的信息。选择"搜索"选项卡后，可以输入单词或短语，用户能够快速获得需要的帮助信息。

在主题窗格中有些带下画线的文字（超链接文字），单击这些文字可以获得进一步的解释和说明，也可能会链接到其他主题和网页。

2．使用上下文相关帮助

VB 的许多部分是上下文相关的。上下文相关表示不必搜寻"帮助"菜单就可直接获得有关帮助。例如，选中窗体，按 F1 键，将显示相关的帮助信息，如图 1-9 所示。

3．运行"帮助"中的示例代码

为了促进对概念的理解，VB 帮助系统中包含了一些可以在 VB 中直接运行的示例代码，可以通过 Windows 的剪贴板将这些代码复制到代码窗口中，并按 F5 键运行。

⚠️ **注意**

有些程序需要先建立窗体和控件，并设置属性后才能运行示例代码。

图 1-9　按 F1 键获得相关帮助

巩固与提高 1

一、选择题

1．Visual Basic 6.0 分为 3 种版本，不属于这 3 种版本的是（　　）。

  A．学习版　　　　　　B．专业版　　　　　　C．企业版　　　　　　D．业余版

2．下列方法中不能退出 Visual Basic 的是（　　）。

  A．按 Alt+Q 组合键

  B．按下 Alt+F 组合键，然后按 Esc 键

  C．按 F10 键，然后按 F 键，再按 X 键

  D．单击"文件"菜单→"退出"命令

3．Visual Basic 集成的主窗口中不包括（   ）。

   A．属性窗口   B．标题栏   C．菜单栏   D．工具栏

4．下列操作可以打开"立即"窗口的是（   ）组合键。

   A．Ctrl+D   B．Ctrl+F   C．Ctrl+G   D．Ctrl+E

二、填空题

1．与传统的程序设计语言相比，Visual Basic 最突出的特点是_____。

2．如果不使用鼠标，用键盘打开菜单和执行菜单命令，第一步应按_____键。

3．建立一个新的标准模块，应该选择_____菜单下的"添加模块"命令。

三、思考题

1．简述 Visual Basic 的特点。

2．简述 Visual Basic 集成开发环境的组成。

3．属性窗口主要包括哪些内容？

4．打开属性窗口的方法有哪些？

VB 程序设计概述

　　VB 程序设计的过程实际上就是按照用户的需求选择控件，并按要求设置各控件的属性，然后编写代码实现用户所需的功能。VB 采用的是面向对象、事件驱动的编程机制，程序员只需编写响应用户动作的程序，如移动鼠标、单击事件等，而不必考虑按精确次序执行的每个步骤，编写代码相对较少。

　　本单元将通过若干教学任务，使学生理解可视化编程的基本概念和 VB 程序设计的步骤。主要内容包括：

> 可视化编程中的对象、属性、事件、方法等基本概念。
> VB 程序设计的主要步骤。
> 多工程任务的程序设计运行方法。

任务 2.1　可视化编程的基本概念

任务导入

　　在进行面向对象的分析与设计前，需要先理解几个基本的概念。这些概念是在 VB 中进行程序设计时需要事先掌握的重要内容。

学习目标

> 理解对象、类的概念。
> 会建立对象，会复制、删除、命名对象。
> 理解属性、事件、方法的概念。
> 会修改对象的属性值。

任务实施

1. 什么是对象

　　对象（Object）是具有某些特性的具体事物的抽象。它是人的意识的反映，是一种以概念而存在的东西，所以对象在现实生活中随处可见，如一个人、一棵树、一只气球、一辆汽车、一台计算机等都是对象。

　　可以把对象想象成日常生活中的各种物体。以计算机为例，计算机本身是一个对象，而计算机又可以拆分为主板、CPU、内存、外设等部件，这些部件又分别是对象，因此计算机对象可以说是由多个"子"对象组成的，即一个容器（Container）对象。

与计算机的概念类似，在 VB 程序中，窗体（Form）、命令按钮（CommandButton）、标签控件（Label）、文本框控件（TextBox）、列表框（ListBox）等都是对象。

2. 什么是类

类（Class）是创建对象实例的模板，是同种对象的集合与抽象。类是对象的定义，而对象是类的一个实例。例如，人类都属于人的范畴，某一个具体的人就是人类的一个实例，在这里，人类是类，某个具体的人就是一个对象。

类的属性和方法定义了类的界面，封装了用于类的全部信息。当应用程序在某处创建一个对象时，用户只要使用对象的属性和方法进行相应操作即可，而不必关心其内部的实现方式。

在 VB 系统中，已经设计好了许多标准控件类，如图 2-1 所示的窗体中，显示的就是这两个类的对象 Label1 和 Command1。类也可以由专业程序员根据自己的需要进行设计。

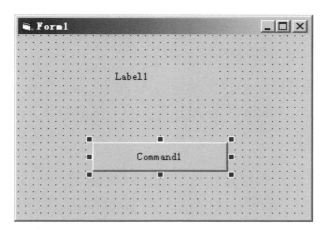

图 2-1　在窗体上建立对象

3. 建立对象

VB 使用的"可视化编程"方法，是"面向对象编程"技术的简化版。在 VB 环境中所涉及的窗体、控件、部件和菜单项等均为对象，程序员不仅可以利用控件来创建对象，而且可以建立自己的"控件"。

在窗体上建立对象有以下两种方法：

➤ 单击工具箱中的控件按钮，在窗体上拖动鼠标画出控件。画出的控件大小和位置可随意确定。

➤ 双击工具箱中的控件按钮，在窗体的中央画出控件。画出的控件的大小和位置是暂时固定的。

 【实例 2.1】

在窗体上建立一个标签和一个命令按钮。

【实现步骤】

分别单击工具箱中的 Label 类、CommandButton 类，然后在窗体中的适当位置拖动即可，如图 2-1 所示。

4．对象的缩放和移动

在窗体上画出控件后，控件的边框上有 8 个蓝色小方块，这表明该控件是"活动"的，通常称为"当前控件"，如图 2-2 所示。用鼠标单击控件，可以使之成为当前控件。

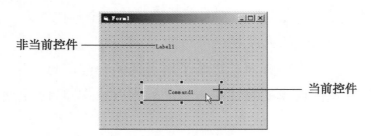

图 2-2　当前控件和非当前控件

对于选中的控件，可以用两种方法进行缩放和移动：

➢ 直接使用鼠标拖动控件到需要的地方。利用鼠标指针对准控件的选中标志（8 个小方块），出现双向箭头时，可以改变控件的大小。

➢ 在属性窗口修改某些属性来改变控件的大小和位置。与窗体和控件大小及位置有关的控件属性有：Left、Top、Width 和 Height。

5．对象的复制与删除

在窗体上，对象的复制和删除操作与 Windows 环境下文件的操作相同。

（1）复制对象

① 选中控件对象，单击工具栏上的"复制"按钮，将控件复制到剪贴板中。

② 单击"粘贴"按钮，将控件粘贴到窗体的左上角。由于复制控件名称相同，系统会弹出一个对话框，如图 2-3 所示。

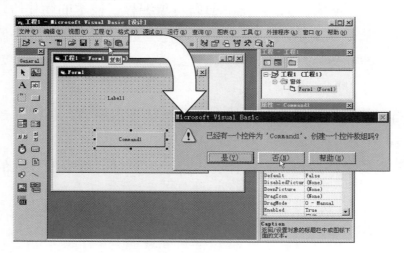

图 2-3　复制控件

③ 单击"否（N）"按钮，在窗体上得到该控件的复制品。复制品的所有属性与原控件相同，只是名称属性（Name）的序号比原控件大。

（2）删除对象

要删除活动对象，只需选中控件后按 Delete 键；或右击活动控件，在弹出的快捷菜单中单击"删除"命令。

6. 对象的命名

每个对象的名称必须是唯一的，这样才能够在程序中引用该对象。在创建对象时，系统会给出一个默认的名称，如标签对象 Label1、Label2 等，用户可以在属性窗口中通过修改"（名称）"属性的值来为对象重新命名。

VB 系统规定，对象名称必须以字母或汉字开头，由字母、汉字、数字和下画线组成，其长度不大于 255 个字符。

7. 窗体上对象的布局

当窗体上存在多个控件时，需要对窗体上控件的排列、对齐、是否统一尺寸等格式进行操作。这些操作一般可以通过"格式"菜单完成。

要调整多个控件之间的位置，需要同时选定多个控件。选定方法常用如下两种：

➢ 在窗体的空白区域利用鼠标左键拉出一个矩形框，将需要选中的控件圈上。

➢ 先按住 Shift 键，再用鼠标单击所要选中的控件。

在选定多个控件之后，就可以利用"格式"菜单对窗体上多个控件的格式进行调整了，如图 2-4 所示。

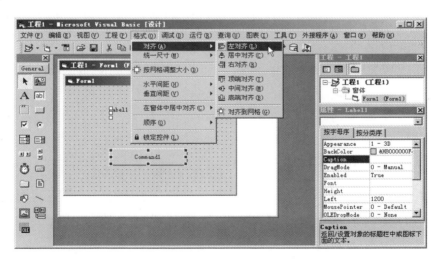

图 2-4　利用"格式"菜单实现对齐操作

 注意

当选择多个对象时，其中必有一个并且只有一个是最后选择的对象，在这个对象的边缘上有 8 个实心小方块，而其他对象的边缘上有 8 个空心小方块。多控件的格式操作都是以最后选择的对象为基准的。

8. 对象的三要素

每个对象都具有描述其特性的属性及附属的行为。例如，一个人具有性别、身高、体

重等特性（属性），又有吃饭、睡觉等行为（方法），还有对外界刺激的反应（事件）。

同样地，在 VB 中，控件是具有自己的属性、方法和事件的对象，可以把属性看作一个对象的性质，把方法看作对象的动作，把事件看作对象的响应，由此构成了对象的三要素——属性、方法、事件。

9. 什么是属性、属性名、属性值

属性是对象所具有的特征。不同的对象有不同的属性，不同的属性有不同的值。

例如，表示某个同学的特征如下。

姓名=王美丽

性别=女

年龄=20 岁

民族=回族

身高=1.68m

体重=48kg

又如，表示一只气球的特征如下：

颜色=黄色

直径=27cm

状态=已充气

在上述示例中，将表示某人特征的"姓名""性别""年龄"等及表示一只气球特征的"颜色""直径"等称为对象的属性名，将等号右边的数据称为对象的属性值。一个对象的所有属性的集合称为属性表。

在面向对象程序设计中，同类型的对象具有相同的属性和不同的属性值。例如，"人"是类的一种，每个人都有姓名、性别、年龄等属性，给这些属性赋予具体的属性值，就创建了一个具体的对象。

10. 在 VB 中修改对象的属性值

在 VB 工具箱中放置的工具都是设计图形界面时常用的类，它们的属性都没有具体数值。当把工具箱中的某一工具拖动（或双击）到窗体上时，系统以这个类的形式赋予它各种初始属性值，构造一个实例对象。

VB 对象属性的设置一般有两种方式。

（1）预设法

在设计界面时，使用属性窗口设置对象的属性。这时只要在属性窗口中选中要修改的属性，然后在右列中输入新的值即可。

这种方法的优点是简单明了，每当选择一个属性时，在属性窗口的下部就显示该属性的一个简短提示；缺点是不能设置所有所需的属性。

（2）现改法

在编写代码的过程中，通过程序代码更改对象的属性。在程序中设置属性的语法格式为

```
对象名.属性名 = 属性值
```

其中，"对象名.属性名"是 VB 中引用对象属性的方法，如下面代码可将标签对象 Label1 的 Caption（标题）属性改为"你好！"：

```
Label1.Caption＝"你好！"
```

11. 事件、事件过程和事件驱动

（1）事件

事件（Event）是发生在对象上且能被对象识别的动作。例如一个吹大的气球，用针扎它一下，该对象就会进行放气动作，"针扎"就是一个事件。在 VB 中，若单击对象，则会在该对象上产生一个单击事件（Click），双击则会在该对象上产生一个双击事件（DblClick）。

VB 系统为每个对象预先定义了一系列的事件，如单击（Click）、双击（DblClick）、装载（Load）、鼠标移动（MouseMove）、改变（Change）等。

（2）事件过程

当在对象上发生了某个事件后，应用程序就要处理这个事件，处理事件的步骤就是事件过程（Event Procedure）。以气球为例，发生了"针扎"事件后，我们可能是进行粘补或丢弃，不论是粘补还是丢弃，都是针对"针扎"事件的处理步骤，也就是事件过程。

事件过程是针对事件而来的，而事件过程中的处理步骤在 VB 程序设计中就是所谓的程序代码。

在每个 VB 提供的对象上面，都已经设定了该对象可能发生的事件，而每个事件都会有一个对应的空事件过程。在编写程序时，并不需要把对象所有的事件过程填满，只要填入需要的部分就可以了。当对象发生了某一事件，而该事件所对应的事件过程中没有程序代码（也就是没有规定处理步骤）时，则表明程序对该事件"不予理会"。

（3）事件驱动

写完程序后开始执行时，程序会先等待某个事件的发生，然后再去执行处理此事件的事件过程。事件过程要经过事件的触发才会被执行，这种动作模式就称为事件驱动程序设计（Event Driven Programming Model），也就是说，由事件控制整个程序的执行流程。

12. 方法

在面向对象程序设计中，对象除了有属于自己的属性和事件外，还包含属于自己的行为，即方法（Method）。在 VB 中，"方法"是指对象本身所包含的一些特殊函数或过程，利用对象内部自带的函数或过程，可以实现对象的一些特殊功能和动作。当用方法来控制某一个对象的行为时，其实质就是调用该对象内容的某个特殊的函数或过程。例如，窗体

对象有 Hide 方法和 Show 方法，调用 Hide 方法可以使窗体隐藏起来，成为不可见窗体，调用 Show 方法可以使窗体显示成为可见窗体。

在 VB 中对象方法的调用格式为

[对象名].方法名　[参数名表]

其中，若省略对象名，则表示为当前对象，一般指窗体。如下：

```
Show
Form2.Hide
```

某些方法需要添加一些参数，此时只需将所需参数放在方法名后即可，如对象的移动方法 Move 后需要添加移动的目标坐标位置参数项。

```
Form1.Print  "欢迎来到Visual Basic世界！"
```

 # 任务 2.2　简单应用程序开发实例

任务导入

同学们都用过计算器吧？使用计算器进行加减乘除运算非常方便。本任务将通过实例掌握使用 VB 进行程序设计的步骤。如图 2-5 所示，设计一个加法计算器，由用户随意输入两个数，VB 可自动计算出它们的和。

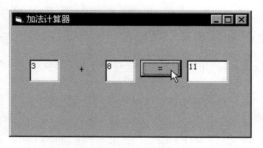

图 2-5　加法计算器

学习目标

➤ 掌握 VB 程序设计的一般步骤。

➤ 会建立简单的用户界面。

➤ 会修改常用对象的简单属性。

➤ 理解面向对象编程和事件驱动的概念。

任务实施

1. 创建窗体

窗体是创建应用程序的基础，通过使用窗体可将窗口和对话框添加到应用程序中。一般来说，建立 VB 应用程序的第一步是创建窗体，这些窗体将是应用程序界面的基础，然后在创建的窗体上绘制构成界面的对象。

启动 VB，在默认方式下系统将自动创建一个只包含一个窗体 Form1 的应用程序。

VB 中，开发的每个应用程序都被称为工程，因此，此时建立的窗体是"工程 1"中的"Form1"。

2．添加控件

在窗体中添加控件，进行窗体的界面设计。向窗体中添加控件的步骤如下。

➤ 单击工具箱中的控件图标，鼠标指针变成一个十字指针。

➤ 在窗体的工作区按住鼠标左键拖动鼠标，即可在窗体上画出对应的控件。

如图 2-6 所示，在窗体 Form1 上绘出了程序所需的控件，依次分别为文本框控件 Text1～Text3、标签控件 Lable1、命令按钮控件 Command1，同类型的控件序号依次自动增加。

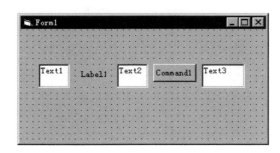

图 2-6　增加控件进行界面设计

3．调整控件

单击窗体上的控件时，利用控件四周的 8 个尺寸句柄，可调节控件的大小，也可用鼠标、键盘和菜单命令移动控件以及调节控件的位置。

另外，还可以使用"格式"菜单中的命令统一控件的大小、规整控件的位置等。

4．设置窗体 Form1 的属性

对象属性的设置是在属性窗口中进行的，其操作方法，如图 2-7 所示。

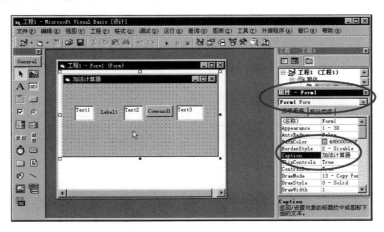

图 2-7　设置窗体 Form1 的属性

单击窗体的空白区域（不要单击任何控件），确认选中的是窗体，可从"对象"下拉列表框中查看。

在属性窗口中找到标题属性 Caption，将其值改为"加法计算器"。

5．设置控件的属性

单击窗体上的控件，确认选中该控件，根据需要逐一设置控件的各属性。

① 分别选中文本框控件 Text1～Text3，将其 Text 属性设置为空。

② 选中标签控件 Label1，将其 Caption 属性设置为"＋"；将其 Alignment 属性改为"2—Center"，使其居中显示。

③ 将命令按钮 Command1 的 Caption 属性设置为"＝"。

设置属性后的程序界面如图 2-8 所示。

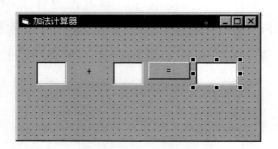

图 2-8　设置属性后的程序界面

6．编写代码

代码窗口是编写应用程序代码的地方。使用代码窗口，可以快速查看和编辑应用程序代码中的任何部分。

（1）打开"代码窗口"的方法

有下面 4 种方法可以打开"代码窗口"：

➤ 双击窗体的任何地方。

➤ 右击空白处，在弹出的快捷菜单中选择"查看代码"命令。

➤ 使用工程窗口中的"查看代码"按钮📄。

➤ 单击"视图"菜单→"代码窗口"命令。

（2）代码窗口的组成

在"代码窗口"中有"对象下拉列表框""过程下拉列表框""代码区"，如图 2-9 所示。

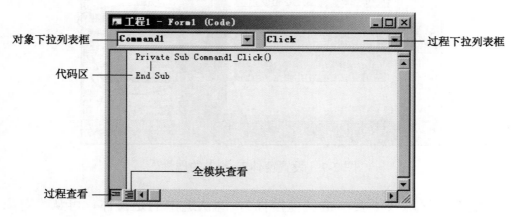

图 2-9　代码窗口

➢ "对象下拉列表框"中列出了当前窗体及所包含的全体对象名。其中，无论窗体的名称改为什么，作为窗体的对象名总是 Form。

➢ "过程下拉列表框"中列出了所选对象的所有事件名。

➢ "代码区"是程序代码编辑区，能够方便地进行代码的编辑和修改。

（3）输入代码

在本例中，双击窗体上的"＝"按钮，打开"代码窗口"，如图 2-10 所示，输入命令按钮 Command1 的 Click（单击）事件过程代码：

```
Text3.Text = Val(Text1.Text) + Val(Text2.Text)
```

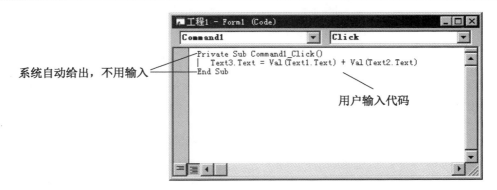

图 2-10　在代码窗口输入事件过程代码

7. 使用自动功能快速编写代码

在 VB 代码窗口中编写代码时，VB 具有以下特性：

（1）自动列出成员特性

当要输入控件的属性和方法时，在控件名后输入小数点，VB 就会自动显示一个下拉列表框，其中包含了该控件的所有成员（属性和方法），如图 2-11 所示。依次输入属性名的前几个字母，系统会自动检索并显示出需要的属性。

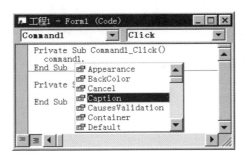

图 2-11　自动列出成员特性

从列表中选中该属性名，按 Tab 键完成这次输入。当不熟悉控件有哪些属性时，这项功能是非常有用的。

如果系统设置禁止自动列出成员特性，可使用 Ctrl+J 组合键获得这种特性。

（2）自动快速显示信息

该功能可显示语句和函数的语法格式。在输入合法的 VB 语句或函数名后，代码窗口中在当前行的下面自动显示该语句或函数的语法，如图 2-12 所示。语法格式中，第一个参数为黑体字，输入第一个参数之后，第二个参数又出现，同样也是黑体字。

"自动快速显示信息"功能可以按 Ctrl+I 组合键获得。

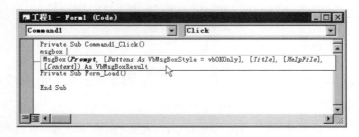

图 2-12　自动快速显示信息

（3）自动语法检查

在 VB 中可自动检查语句的语法。当输入某行代码后按 Enter 键，如果出现语法错误，VB 会显示警告提示框，同时该语句变成红色，如图 2-13 所示。

图 2-13　自动语法检查

8. 运行工程

单击工具栏上的"启动"按钮▶，如图 2-14 所示，或单击"运行"菜单→"启动"命令，可运行工程。

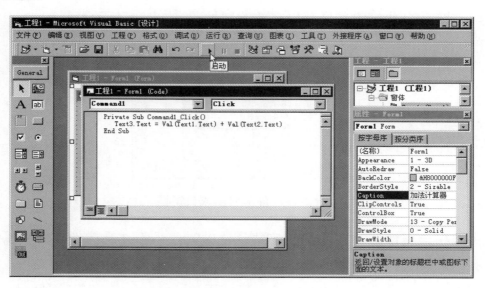

图 2-14　运行工程

用鼠标分别选中文本框 Text1、Text2，输入数字，单击"＝"按钮，则将在文本框 Text3 中显示结果，如图 2-5 所示。

单击标题栏上的"关闭"按钮 ☒ 可关闭该窗口结束运行，单击工具栏上的"结束"按钮 ■ 也可结束程序运行，返回"窗体设计器"窗口。

9. 修改工程

修改工程包括修改对象的属性和代码，也可以添加新的对象和代码，或者调整控件的大小等，直到满足工程设计的需要为止。

运行程序时，如果程序有错，则会弹出提示框，用户可根据提示信息进行修正。

10. 保存工程

设计好的应用程序在调试正确后需要进行保存，即以文件的方式保存到磁盘上。保存应用程序的步骤如下：

① 单击"文件"菜单→"保存工程"命令，或直接单击工具栏上的"保存工程"按钮 🖫，系统打开"文件另存为"对话框，如图 2-15 所示。

图 2-15　保存工程

② 在"文件另存为"对话框中，注意保存类型，保存窗体文件（*.frm）到指定文件夹中。

③ 窗体文件存盘后，系统会继续弹出"工程另存为"对话框，保存类型为"工程文件（*.vbp）"，默认工程文件名为"工程 1.vbp"，保存工程文件到指定文件夹中。

 注意

① 由于一个工程可能含有多种文件，如工程文件和窗体文件，这些文件集合在一起才能构成应用程序。所以建议将同一工程所有类型的文件存放在同一文件夹中。

② 如果想保存修改后磁盘上已有的工程文件，可直接单击工具栏上的"保存工程"按钮 🖫，这时系统不会弹出"文件另存为"对话框。

11. 生成可执行文件

当完成工程的全部文件之后，可将此工程转换成可执行文件（.exe）。操作步骤如下：

① 单击"文件"菜单→"生成工程 1.exe"命令。

② 在打开的"生成工程"对话框中，选择程序所保存的文件夹和文件名，如图 2-16 所示，单击"确定"按钮即可生成 Windows 中的应用程序。

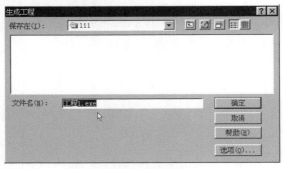

图 2-16 生成工程

知识拓展

在未关闭"工程 1"的情况下，如果我们需要再练习一道题，或再设计一个程序，怎么办呢？这时可以直接添加下一个工程，操作步骤如下：

① 单击工具栏上的"添加 Standard EXE 工程"按钮，如图 2-17 所示，这时工程管理器标题栏显示为"工程组"，VB 标题栏显示为"工程 2"。

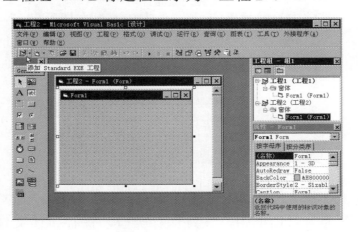

图 2-17 添加工程

② 按照任务 2.2 的步骤设置界面、属性，编写代码，运行调试程序。

③ 用鼠标右键单击"工程组"中的"工程 2"，在弹出的快捷菜单中选择"设置为启动"命令，如图 2-18 所示，即可运行工程 2。

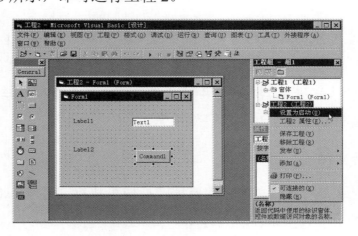

图 2-18 将"工程 2"设置为启动

用同样的方法，可以添加"工程 3""工程 4"……

巩固与提高 2

一、选择题

1．在 VB 中，被称为对象的是（　　　）。

　　A．窗体　　　　　　　　　　　　B．控件

　　C．控件和窗体　　　　　　　　　D．窗体、控件和属性

2．关于 VB"方法"的概念，错误的是（　　　）。

　　A．方法是对象的一部分　　　　　B．方法是预先定义好的操作

　　C．方法是对事件的响应　　　　　D．方法用于完成某些特定的功能

3．确定窗体控件启动位置的属性是（　　　）。

　　A．Width 和 Height　　　　　　　B．Width 或 Height

　　C．StartUpPosition　　　　　　　D．Top 和 Left

4．下列说法正确的是（　　　）。

　　A．对象的可见性可设为 True 或 False

　　B．标题的属性值不可设为任何文本

　　C．属性窗口中的属性只能按字母顺序排列

　　D．某些属性的值可以跳过不设置，自动设为空值

5．下列说法错误的是（　　　）。

　　A．方法是对象的一部分

　　B．在调用方法时，对象名是不可缺少的

　　C．方法是一种特殊的过程和函数

　　D．方法调用格式和对象属性使用格式相同

6．下列说法错误的是（　　　）。

　　A．窗体文件的扩展名为.frm

　　B．一个窗体对应一个窗体文件

　　C．VB 中一个工程只包含一个窗体

　　D．VB 中一个工程最多可以包含 255 个窗体

7．一个工程必须包含的文件的类型是（　　　）。

　　A．*.vbp *.frm *.frx　　　　　　B．*.vbp *.cls *.bas

　　C．*.bas *.ocx */res　　　　　　D．*.frm *.cls *.bas

8．新建一个窗体，其 BorderStyle 属性设置为 Fixed.Single，但运行时却无最大化和最小化按钮，可能的原因是（　　　）。

　　A．BorderStyle 的值设为 Fixed.Single，其设置值的作用即禁止最大化和最小化按钮

B．窗体的 MaxButton 和 MinButton 值设为 False

C．正常情况下新建的窗体都没有最大化和最小化按钮

D．该窗体可用鼠标拖动框的方法改变窗体的大小

二、填空题

1．VB 程序设计采用的编程机制是_____。

2．VB 对象可以分为两类，分别是_____和_____。

三、思考题

1．什么是对象？什么是对象的属性、事件和方法？

2．如何创建一个应用程序？

3．如何在当前窗体上创建和删除一个对象？

4．如何设置对象的属性？

5．建立对象后，每个属性都有一个默认值，"（名称）"属性和 Caption 属性的默认值相同，它们有什么区别？能否用代码修改"（名称）"属性？

6．在没有关闭程序的情况下，如果又添加了一个工程，运行时会发现运行的仍是第一个工程，这是什么原因？如何解决？

VB 语言基础

　　我们学习 VB 的目的是为了编程，并通过编程解决某些计算和数据处理方面的问题。我们知道，在数学上对问题的描述，是通过公式或函数进行的，而公式和函数又是通过常数或变量来表示的。在 VB 中，要对公式或函数进行计算时，常数和变量是以什么形式存在的呢？在 VB 编程中如何表示这些数据呢？

　　本单元主要学习 VB 程序设计中的基本概念和基础知识，为以后进行编程打好基础。主要内容包括：

> VB 中的常用数据类型。
> 常量和变量的表示方法。
> VB 中的运算符和表达式。
> 常用的内部函数。
> 语句的书写规则。

任务 3.1　数据类型

任务导入

　　数据是程序的必要组成部分，也是程序处理的对象。在高级语言中，广泛使用"数据类型"这一概念，数据类型体现了数据结构的特点。VB 提供了系统定义的基本数据类型，并允许用户根据需要定义自己的数据类型。

　　不同类型的数据，所占的存储空间不一样，选择使用合适的数据类型，可以优化代码。另外，数据类型不同，对其处理的方法也不同，这就需要进行数据类型的说明或定义。只有相同（相容）类型的数据之间才能进行操作，否则就会出现错误。

　　本任务将学习 VB 中基本数据类型的表示方法。

学习目标

> 理解数据类型的基本含义。
> 掌握 VB 基本数据类型的表示方法。
> 会选择合适的数据类型。

任务实施

1. 字符型数据

字符型数据（String）是用来存储文字信息的，内容可以是单个字符、词或一段文字等，也常称为字符串。VB 中，对该类数据赋值时要用双引号将值括起来。

当字符串中包含汉字时，一个汉字占两个字符长度。长度为 0（不含任何字符）的字符串称为空字符串（简称空串）。

在 VB 中，字符型数据有两种形式：变长字符串和定长字符串。

（1）变长字符串

变长字符串是指字符串的长度是可变的，随着对该数据的修改或重新赋值，它的长度可增可减。按照默认规定，一个字符串若没有声明为定长字符串，则它就是变长字符串。例如：

```
"Visual Basic 6.0"        "2＋3="        "姓名"        "0371-22888111"
```

（2）定长字符串

定长字符串是指在程序执行过程中始终保持其长度不变的字符串，可用语法"String * Size"表示。例如，声明一个长度为 8 个字符的字符串变量 x：

```
Dim x As String * 8
```

当赋予字符串的字符少于 8 个时，用空格将不足部分填满；当赋予字符串的长度超过 8 个时，截去超出部分的字符。

2. 数值型数据

VB 中，常用的数值型数据（Numeric）有整型数、长整型数、单精度数、双精度数。

（1）整型数

整型数（Integer）是不带小数点和指数符号的数，可以是正整数、负整数或 0。
整型数的范围为 $-32768 \sim +32767$。例如：

```
8765          34567          -123              0              -25
```

（2）长整型数

长整型数（Long）也是一个整数，它表示的范围更大，在计算机中存储时占用的字节数更多。在 VB 中，长整型数中的正号可以省略，并且在数值中不能出现逗号（分节符）。
长整型数的范围为 $-2147483648 \sim +2147483647$。例如：

```
32768        -123456        89        987654321
```

（3）单精度数

单精度数（Single）用来表示带有小数部分的实数，可表示最多 7 位有效数字的数，小数点可以位于这些数字的任何位置，正号可以省略。单精度数可以用定点形式和浮点形式来表示。

单精度数的定点形式是在该范围内含有小数的数。例如：

```
-2.3        123.4        +1.234        .0000567        -987.654321
```

单精度数的浮点形式是用科学计数法，即以 10 的整数次幂表示的数，以"E"来表示底数 10。例如，-1.2×10^{8}，123.4×10^{-12}，$+34.56 \times 10^{28}$，$0.00098765 \times 10^{-20}$ 分别表示为

```
    -1.2E8          123.4E-12          34.56E+28          .00098765E-20
```

（4）双精度数

双精度数（Double）与单精度数相似，但所占的存储空间更大，取值范围更宽，可表示 15 位有效数字。双精度数也有定点和浮点两种形式。

双精度数的定点形式是在该范围内含有小数的数。例如：

```
    -12.123456789123        0.987654321        100000000.1234
```

双精度数的浮点形式是用科学计数法，以"D"来代表指数的底的数。例如：

```
    -1.234567D92        123.123456789D-45        0.123456789D+5
```

 注意

在 VB 中，声明和使用数值型数据时，应注意以下几点：

① 如果数据包含小数，则应使用单精度数或双精度数。

② 在 VB 中，数值型数据都有一个有效的范围值，程序中的数如果超出规定的范围，就会出现"溢出"信息（Overflow）。如果小于范围的下限值，系统将按"0"处理；如果大于上限值，则系统只按上限值处理，并显示出错误信息。

③ 一般情况下，VB 使用十进制数计数，但有时也使用十六进制数和八进制数表示，表示值时它们与十进制是等价的。

④ 所有数值变量都可相互赋值，也可对变体（Variant）类型变量赋值。在将浮点数赋予整数之前，VB 要将浮点数的小数部分四舍五入，而不是将小数部分去掉。

3. 布尔型数据

布尔型数据（Boolean）用于进行逻辑判断，其结果是一个逻辑值，用于表示两个值的状态，如逻辑的真与假，电灯的开与关，选择题答案的对与错，性别的男和女。

布尔型数据只有 True（真）和 False（假）两个值。

 注意

当把数值型数据转换为布尔型数据时，0 会转换为 False，其他非 0 值转换为 True。

当把布尔值转换为数值型数据时，False 转换为 0，True 转换成-1。

4. 日期型数据

日期型数据（Date）用来表示日期和时间，可以表示多种格式的日期和时间，表示的日期范围为公元 100 年 1 月 1 日～9999 年 12 月 31 日，而时间可以为 00:00:00～23:59:59。

日期型数据用两个"#"符号把表示日期和时间的值括起来，就像字符串数据用双引号括起来一样。例如：

```
    #07/30/2015#        #2015-07-30#        #07/30/2015 07:25:12 AM#
```

如果输入的日期或时间非法或不存在，系统将显示出错信息。

5．变体型数据

变体型数据（Variant）是一种可变的数据类型，可以存放任何类型的数据，因此变体型可以说是 VB 中用途最广、最灵活的一种变量类型。

在程序中不特别说明时，VB 会自动将该变量默认为变体型变量。例如：

```
a = "6"                    'a 的值为字符型数据"6"
a = 6 - 2                  'a 的值为数值型数据 4
a = "D" & a               'a 的值为字符型数据"D4"
```

6．其他数据类型

在 VB 中，除了前面介绍的数据类型外，还有货币型、字节型、对象型数据，在此不做介绍。

 注意

数据类型不同，对其处理的方法也不同，这就需要进行数据类型的说明或定义。只有相同（相容）类型的数据之间才能进行操作，否则就会出现错误。

 任务 3.2　常量和变量

🔵 **任务导入**

在程序设计中，不同类型的数据可以以常量的形式出现，也可以以变量的形式出现。本任务将学习常量和变量的概念。

🔵 **学习目标**

➤ 理解常量和变量的概念。
➤ 掌握 VB 中直接常量的表示方法、符号常量的声明方法。
➤ 掌握变量的命名规则和声明方法。

🔵 **任务实施**

1．常量和变量的概念

常量是指在程序运行过程中其值保持不变的量。在 VB 中，有两种形式的常量：直接常量和符号常量。

在程序的运行过程中，其值可以改变的量称为变量。变量的实质是计算机中被命名的存储位置，在程序代码中声明一个变量，运行时系统就为其分配合适的存储空间，该存储单元中的值可以改变。

2. 直接常量

直接常量是指在程序中直接使用的常量值。各种数据类型都有各自直接使用的常量，这些不同数据类型的直接常量在表示方式上也不相同。

（1）字符串常量

字符串常量是用双引号括起来的一串字符。这些字符可以是除双引号""、Enter 键和换行符以外的所有字符。例如：

```
    "$3,123.123"        "3859987"        "Visual"
```

（2）数值常量

数值常量就是常数，有整数、长整数、单精度数、双精度数。例如：

```
    123        987654321        3.1415926        5.8D80
```

（3）布尔常量

布尔常量只有 True（真）和 False（假）两个值。

（4）日期常量

用两个"#"符号把表示日期和时间的值括起来表示日期常量。例如：

```
    #07/30/2015#        #30/07/2015#        #Mar 30 2015 21:47:12#
```

3. 符号常量

在程序设计中，如果多次出现的某个常量值是一个很大的数字或很长的字符串，为了改进代码的可读性和可维护性，可以给某一特定的值赋予一个名字，以后用到这个常量时就用名字代替，这个名字就是符号常量。

符号常量有点像变量，但不能像对变量那样修改符号常量，也不能给符号常量赋以新值。符号常量分为两种：系统提供的常量和用户定义的常量。

（1）系统提供的常量

系统提供的常量是指 VB 内置的一些便于记忆的常量。为了避免不同对象中同名常量的混淆，在引用时可使用两个小写字母前缀，限定在某个对象库中，例如：

Vb——VB 和 VBA 中的常量。如 vbModal 代表 1，vbModeless 代表 0。

Db——Data Access Object 库中的常量。

Xl——Excel 中的常量。

可以在"对象浏览器"中查看系统内部定义的常量，操作方法如下：

① 选择"视图"菜单中的"对象浏览器"，打开"对象浏览器"窗口，如图 3-1 所示。

② 在下拉列表框中选择 VBA 对象库。

③ 在"类"列表框中选择"全局"，右侧的成员列表中显示出预定义的常量，窗口底端的文本区域中将显示该常量的功能。

图 3-1　"对象浏览器"窗口

 注意

在为属性或变量输入数据时，应该检查一下是否有系统已经定义好的常量可供使用，使用系统常量可使代码具备自我解释功能，易于阅读和维护。

（2）用户声明的常量

尽管 VB 内部定义了大量的常量，但是有时程序员还需要创建自己的符号常量。用户定义常量使用 Const 语句来给常量分配名字、值和类型。声明常量的语法格式为

```
Const 〈常量名〉[As 〈数据类型〉] = 〈表达式〉
```

说明：

① 〈常量名〉由 1～255 个字符组成，包含的符号可以是数字、英文字母或下画线，中间不能有"."或其他类型说明字符，并且必须以英文字母开头。

② 〈表达式〉由数值常量、字符串等常量及运算符组成，可以包含前面定义过的常量，但不能使用函数调用。

```
Const MAX As Integer = 100          ' 声明常量 MAX，代表 100，整型数
Const PI = 3.14                     ' 声明常量 PI，代表 3.14，单精度数
Const XH = "20150808"               ' 声明常量 XH，代表"20150808"，字符型
```

③ 如果用逗号进行分隔，则在一行中可放置多个常量声明：

```
Const PI = 3.14 , MAX = 100 , XH = "20150808"
```

4．变量的命名规则

➢ 只能由字母、数字或下画线组成，如 int.sum 是非法的（因其中有小数点）。

➢ 必须以字母开头。如 xm、ab2，不能为 2ab。

➢ 组成变量名的字符数不得超过 255 个。

➢ 不能用 VB 的保留字作变量名，但可以把保留字嵌入变量名中；同时，变量名也不能是末尾带有类型说明符的保留字。如 Print 和 Print$是非法的变量名。

5．变量命名的注意事项

➢ 取名最好使用有明确实际意义和容易记忆以及通用的变量名，即要见名知义。例如，

用 sum（或 s）代表求和，用 Difference（或 d）代表求差等。

➤ 尽可能简单明了，尽量不要使变量名太长，因为太长不便于阅读和书写。

➤ 不能用 VB 的关键字作变量名。VB 的关键字是指 VB 中系统已经定义的词，如语句、函数、运算符名。

➤ 变量名不能与过程名和符号常量名相同。

➤ 尽量采用 VB 建议的变量名前缀或后缀的约定来命名，以便区分变量的类型。如 intMax，strName。

➤ VB 不区分变量名和其他名字中字母的大小写，如 Hello、HELLO、hello 指的是同一个名字。

6. 声明变量

使用变量前，一般应先声明变量名和其类型，以使系统为它分配存储单元。

（1）用语句声明

声明变量的语法格式为

```
Dim 〈变量名〉[As 〈类型〉]
```

说明：

① 〈类型〉用来定义被声明〈变量名〉的数据类型或对象类型，例如：

```
Dim cj As Integer                          '将 cj 定义为整型变量
Dim xh As String , strName As String      '将 xh 和 strName 定义为字符型变量
Dim x                                       '没有指定类型，变量 x 是变体型
```

② 使用声明语句建立一个变量后，VB 自动将数值类型的变量赋初值 0，将字符或 Variant 类型的变量赋空串，将布尔型的变量赋 False。

（2）用类型符直接声明变量

格式如下：

```
Dim 〈变量名〉〈类型符〉
```

说明：在变量名后直接跟上类型声明符，用%表示整型数，&表示长整型数，!表示单精度数，#表示双精度数，$表示字符型数据，例如：

```
Dim cj%                            '将 cj 定义为整型变量
Dim xh$ , strName$                 '将 xh 和 strName 定义为字符型变量
```

 ## 任务 3.3 VB 表达式

任务导入

设计程序的目的是让计算机能自动地对数据进行加工处理，即进行运算（也称为操作）。每种类型的数据都规定了所能进行的运算以及运算的规则。本任务学习 VB 中常用表达式

的运算方法和运算规则。

学习目标

➢ 会正确书写 VB 表达式。

➢ 会正确计算算术表达式、字符串表达式、日期型表达式的值。

任务实施

1．算术运算符

算术表达式也称数值型表达式，由算术运算符、数值型常量、变量、函数和圆括号组成，其运算结果为一个数值。例如，2 * 3 + 4 的运算结果为 10.00。

算术表达式的格式为

〈数值1〉〈算术运算符1〉〈数值2〉[〈算术运算符2〉〈数值3〉]

VB 有 7 个算术运算符，如表 3-1 所示。

表 3-1　算术运算符

运　算　符	名　　称	示　　例
^	乘方	2 ^ 3，值为 8
*	乘法	2 * 3，值为 6
/	浮点除法	1 / 2，值为 0.5
\	整数除法	1 \ 2，值为 0
Mod	求余的模运算	1 Mod 2，值为 1
+	加法	1 + 2，值为 3
−	减法、取负	3−2，值为 1；−1，值为−1

⚠ 提示

① 在这 7 个算术运算符中，只有取负 "−" 是单目运算符，其他均为双目运算符。

② 加（+）、减（−）、乘（*）、浮点除法（/）、取负（−）、乘方（^）运算的含义与数学中基本相同。

③ / 和 \ 的区别：1 / 2 = 0.5，1 \ 2 = 0。整除号 \ 用于整数除法，在进行整除时，如果参加运算的数据含有小数，首先将它们四舍五入，使其成为整型数或长整型数，然后再进行运算，其结果截尾成整型数。

④ 模运算符 Mod 用来求整型除法的余数。其结果为第一个操作数整除第二个操作数所得的余数，例如：

```
7.8 Mod 3.4
```

则首先把 7.8 和 3.4 分别取整为 8 和 3，取 8 除以 3 的余数，其值为 2。

⑤ 进行除法（包括整除）运算时，当除数为 0，或进行乘幂运算时指数为负数而底数为 0，都会产生算术溢出的错误信息。

2. 表达式的书写规则

算术表达式与数学中的表达式写法有所区别，在书写表达式时应当特别注意以下几点。

① 每个符号占 1 格，所有符号都必须一个一个并排写在同一横线上，不能在右上角或右下角写方次或下标。例如：2³ 要写成 2^3，x1+x2 要写成 x1+x2。

② 在数学表达式中省略的内容必须重新写上。例如：2xy 要写成 2 * x * y。

③ 所有括号都用小括号( )，括号必须配对。例如：2[x+6(y+z)]必须写成 2 *(x+6*(y+z))。

④ 要把数学表达式中的有些符号改成 VB 中可以表示的符号。例如：要把 πr2 改为 PI*r^2。

3. 算术运算符的优先级

在算术表达式中包含各种算术运算符，必须规定各个运算的先后顺序，这就是算术运算符的优先级，如下：

> 指数运算^→取负-→乘法*、浮点除法/ →整除\ →求模 Mod →加法+、减法-

其中乘和浮点除是同级运算符，加和减是同级运算符。当一个表达式中含有多种算术运算符时，将按上述顺序求值。如果表达式中含有括号"( )"，则先计算括号内表达式的值；如果有多层括号，先计算最内层括号中的表达式。

 【实例 3.1】

表达式 $x^2 + \dfrac{3xy}{2-y}$ 在 VB 中如何表示？

【解答】 该表达式在 VB 中应表示为 x^2+3*x*y/(2-y)。

4. 字符串运算符

字符串表达式由字符串常量、字符串变量、字符串函数和字符串运算符组成。

VB 中的字符串运算符是"&"，该运算符用于连接两个或更多的字符串。字符串表达式的格式如下：

> 〈字符串 1〉&〈字符串 2〉[&〈字符串 3〉]

当两个字符串用连接运算符连接起来后，第二个字符串直接添加到第一个字符串的尾部，结果是一个更长的、包含两个源字符串的全部内容的字符串。如果要把多个字符串连接起来，每两个字符串之间都要用"&"分隔。例如：

> "12AB" & "3C" & "4DE"   ' 连接后结果为"12AB3C4DE"

另外，在 VB 中，除用"&"作为连接运算符外，还可以用"+"把两个字符串连接成一个字符串。但是"+"容易与算术加法运算符产生混淆，所以建议最好用"&"。

 注意

在 VB 中，当要对不同数据类型进行连接时，"&"会自动将非字符串类型的数据转换成字符串后再进行连接，例如：

> 123 & 456 & "abcd"   ' 连接后结果为"123456abcd"

【实例 3.2】

表达式 "Visual" & "Basic" 是什么意思？其结果是什么？

【解答】该表达式是字符串表达式，&是字符串运算符，表示连接两个字符串，其连接后结果为 "Visual Basic"。

5. 日期型表达式

日期型表达式由算术运算符（+或-）、算术表达式、日期型常量、日期型变量和函数组成。

日期型表达式的运算有下面 3 种情况：

① 两个日期型数据相减，结果是一个数值型数据（两个日期相差的天数）。例如：

```
#07/20/2015# – #07/10/2015#
```

表示求 2015 年 7 月 20 日与 2015 年 7 月 10 日之间相差几天，结果为数值型数据 10。

② 一个表示天数的数值型数据加到日期型数据中，其结果仍然为一个日期型数据（向后推算日期）。例如：

```
#07/20/2015# + 10
```

表示求 2015 年 7 月 20 日向后推算 10 天是什么日期，结果为日期型数据#15-07-30#。

③ 一个表示天数的数值型数据从日期型数据中减掉它，其结果仍然为一个日期型数据（向前推算日期）。例如：

```
#07/20/2015# – 10
```

表示求 2015 年 7 月 20 日向前推算 10 天是什么日期，结果为日期型数据#15-07-10#。

任务 3.4 常用内部函数

➡ 任务导入

函数是一种特定的运算，在程序中要使用一个函数时，只需给出函数名并给出一个或多个参数，就能得到它的函数值。

在 VB 中，有两类函数，即用户定义函数和内部函数。

➢ 用户定义函数是由用户自己根据需要定义的函数。

➢ 内部函数也称标准函数，VB 提供了大量的内部函数。

本任务将学习 VB 中常用的内部函数。

➡ 学习目标

➢ 了解 VB 中常用的内部函数。

➢ 会使用常用的内部函数进行数据计算。

➡ 任务实施

1．数学运算函数

数学运算函数用于各种数学运算。常用的数学运算函数如下：

Int 函数：返回不大于给定数的最大整数。

Sqr 函数：返回数的平方根。

Abs 函数：返回数的绝对值。

Exp 函数：返回 e 的指定次幂。

2．字符串函数

VB 提供了大量的字符串函数，具有强大的字符串处理能力。常用的字符串函数如下：

Str 函数：返回把数值型数据转换为字符型后的字符串。

Val 函数：把一个数字字符串转换为相应的数值。

Mid 函数：返回从字符串指定位置开始的指定数目字符。

Len 函数：返回字符串的长度。

Left 函数：返回从字符串左端开始的指定数目的字符。

Right 函数：返回从字符串右端开始的指定数目的字符。

String 函数：返回包含一个字符重复指定次数的字符串。

Lcase 函数：返回以小写字母组成的字符串。

Ucase 函数：返回以大写字母组成的字符串。

3．日期和时间函数

日期和时间函数用来显示日期和时间，可提供某个事件何时发生及持续时间长短的信息。常用的日期和时间函数如下：

Date 函数：返回当前日期（yy–mm–dd）。

Time 函数：返回当前时间（hh:mm:ss）。

Year 函数：返回年份（yyyy）。

Hour 函数：返回小时（0～23）。

Timer 函数：返回从午夜算起已过的秒数。

4．格式输出函数

用格式输出函数 Format()可以使数值、日期或字符型数据按指定的格式输出。Format 函数的语法格式如下：

```
Format(〈表达式〉,〈格式字符串〉)
```

说明：

〈格式字符串〉是一个字符串常量或变量，由专门的格式说明字符组成。这些说明字符决定了数据项〈表达式〉的显示格式和长度。

格式说明字符按照类型可以分为数值型说明符、日期型说明符和字符型说明符。

（1）常用的数值型格式说明字符

#：数字占位符，显示一位数字或什么都不显示。如果表达式在格式字符串中#的位置上有数字存在，那么就显示出来；否则，该位置就什么都不显示，例如：

```
Format(123.45, "####.###")          返回：123.45
```

.：小数点占位符。

%：百分比符号占位符，表达式乘以100。而百分比字符（%）会插入格式字符串中出现的位置上。例如：

```
Format(0.12345, "0.00%")            返回：12.35%
```

（2）常用的时间日期型格式说明字符

dddddd：以完整日期表示法显示日期系列数（包括年、月、日），例如：

```
Format(Date, "dddddd")              返回：2015年8月20日
```

yyyy：以四位数来表示年，例如：

```
Format(Date, "yyyy")                返回：2015
```

ttttt：以完整时间表示法显示（包括时、分、秒），用系统识别的时间格式定义的时间分隔符进行格式化。默认的时间格式为hh:mm:ss，例如：

```
Format(Time, "ttttt")               返回：22:17:08
```

AM/PM：在中午前以12小时配合大写AM符号来使用；在中午和11:59PM间以12小时配合大写PM来使用，例如：

```
Format(Time, "tttttAM/PM")          返回：10:17:08PM
```

（3）常用的字符型格式说明字符

@：字符占位符，显示字符或空白。如果字符串在格式字符串中@的位置有字符存在，那么就显示出来；否则，就在那个位置显示空白。除非有惊叹号字符（!）在格式字符串中，否则字符占位符将由右而左被填充，例如：

```
Format("ABab", "@@@@@@")            返回：" ABab"
```

&：字符占位符，显示字符或什么都不显示。如果字符串在格式字符串中和号（&）的位置有字符存在，那么就显示出来；否则，就什么都不显示。除非有惊叹号字符（!）在格式字符串中，否则字符占位符将由右而左被填充，例如：

```
Format("ABab", "&&&&&&")            返回："ABab"
```

!：强制由左而右填充字符占位符。默认值是由右而左填充字符占位符，例如：

```
Format("ABab", "!@@@@@@")           返回："ABab  "
```

5. 随机数语句和函数

在测试、模拟和游戏程序中，经常要使用随机数，随机数语句和函数如下：

Randomize 语句：产生随机数的种子。

Rnd 函数：产生0～1的随机数。

6. 数据类型转换函数

在 VB 中，一些数据类型可以自动转换，如数字字符串可自动转换为数值型，但是，多数类型不能自动转换，这就需要用类型转换函数来显式地说明。这里不做介绍。

 ## 任务 3.5 语句

● 任务导入

我们使用 VB 的目的是通过具体的操作指令来解决计算、管理等实际问题。在 VB 中，我们书写的执行具体操作的指令是语句。不同的程序设计语言，有不同的语句书写规则和符号约定。

本任务将学习 VB 程序语句的书写规则。

● 学习目标

➢ 了解 VB 程序语句的书写规则。
➢ 了解 VB 命令格式中的符号约定。

● 任务实施

1. 程序语句

VB 中的语句是执行具体操作的指令，每个语句行按 Enter 键结束。程序语句是 VB 关键字、属性、函数、运算符以及能够生成 VB 编辑器可识别指令的符号的任意组合。

一个完整的程序语句可以简单到只有一个关键字，例如：

```
Stop
```

语句也可以是各种元素的组合，如下面的语句，把当前系统时间赋值给标签的 Caption 属性：

$$\underbrace{\text{Label1}}_{\text{对象名}}.\underbrace{\text{Caption}}_{\text{属性名}} \underset{\text{赋值号}}{=} \underbrace{\text{Time}}_{\text{VB函数}}$$

建立程序语句时必须遵从的构造规则称为语法。编写正确程序语句的前提，就是学习语言元素的语法，并在程序中使用这些元素正确地处理数据。

2. 语句的书写规则

在编写程序代码时要遵循一定的规则，这样写出的程序既能被 VB 正确地识别，又能增加程序的可读性。

（1）自动语法检查

如果设置了"自动语法检查"（通过单击"工具"菜单→"选项"命令→"编辑器"命令），则在输入语句的过程中，VB 将自动对输入的内容进行语法检查，如果发现语法错误，将弹出一个信息框提示出错的原因。

（2）格式化处理

VB 会按约定对语句进行简单的格式化处理，如关键字、函数的第一个字母自动变为大写，运算符前后加空格等。

在输入语句时，命令词、函数等可以不必区分大小写。例如，在输入 Print 时，不管输入 Print、print，还是 PRINT，按 Enter 键后都变为 Print。

为了提高程序的可读性，在代码中应加上适当的空格，同时应按惯例处理字母的大小写。

（3）复合语句行

一般情况下，输入程序时要求一行一句，一句一行。但是 VB 也允许使用复合语句行，即把几个语句放在一个语句行中，语句之间用冒号":"隔开。一个语句行的长度最多不能超过 1023 个字符，例如：

```
a = 2 : b = 3 : c = 4
```

（4）语句的续行

当一条语句很长时，在代码编辑窗口阅读程序时不便查看，使用滚动条又比较麻烦。这时，就可以使用续行功能，用续行符"_"（下画线）将一个较长的语句分为多个程序行，例如：

```
strMyStr="NAME : " & _
        strname
```

在使用续行符时，在它前面至少要加一个空格，并且续行符只能出现在行尾。

3．命令格式中的符号约定

为了便于解释语句、方法和函数，本书语句、方法和函数格式中的符号采用统一约定。在各语句、方法、函数的语法格式和功能说明中，以尖括号〈 〉、方括号[ ]、花括号{ }、竖线|、逗号加省略号，...、省略号...作为专用符号，这些符号的含义如表 3-2 所示。

表 3-2　符号的含义

符　号	含　义
〈 〉	必选参数表示符。尖括号中的中文提示说明，由使用者根据问题的需要提供具体参数。如果缺少必选参数，则语句发生语法错误
[ ]	可选参数表示符。方括号中的内容选与不选由用户根据具体情况决定，且都不影响语句本身的功能。如省略，则为默认值
|	多中取一表示符，含义为"或者选择"。竖线分隔多个选择项，必须选择其中之一

续表

符 号	含 义
{ }	包含多中取一的各项
, ...	表示同类项目的重复出现
...	表示省略了在当时叙述中不涉及的部分

 注意

这些专用符号和其中的提示，不是语句行或函数的组成部分。在输入具体命令或函数时，上面的符号均不可作为语句中的成分输入计算机，它们只是语句、函数格式的书面表示。例如：

[〈对象表达式〉] Print [〈表达式表〉] { , | ; }

巩固与提高 3

一、选择题

1. 以下关于 VB 数据类型的说法，不恰当的是（   ）。

　　A．VB 6.0 提供的数据类型主要有字符串型和数值型，此外还有字节、货币、对象、日期、布尔和变体数据类型等

　　B．目前 Decimal 数据类型只能在变体类型中使用

　　C．用户不能定义自己的数据类型

　　D．布尔型数据只能取两种值，用 2 字节存储

2. 以下各项，可以作为 VB 变量名的是（   ）。

　　A．Book　　　　　　　　　　　　B．2_Seek

　　C．123.58　　　　　　　　　　　D．Book-1

3. 下列哪个符号不能作为 VB 中的变量名？（   ）。

　　A．ABCDEFG　　　　　　　　　B．P000000

　　C．89TWDDFF　　　　　　　　　D．xyz

4. 下列各项中（   ）是 VB 中的合法变量名。

　　A．AB7　　　　　　　　　　　　B．7AB

　　C．IF　　　　　　　　　　　　　D．A[B]7

5. 表达式 2 *3^2 + 2 * 8 / 4 + 3^2 的值为（   ）。

　　A．64　　　　　　　　　　　　　B．31

　　C．49　　　　　　　　　　　　　D．22

6. 函数 Int(Rnd(0)*10)是在（   ）范围内的整数。

　　A．(0,1)　　　　　　　　　　　B．(1,10)

　　C．(0,9)　　　　　　　　　　　D．(1,9)

7. 表达式 3 ^ 2 Mod 14\2^3 的值是（　　　）。

A. 1　　　　　　　　　　　　　B. 0

C. 2　　　　　　　　　　　　　D. 3

8. 在 VB 中，下列两个变量名相同的是（　　　）。

A. Japan 和 Ja_pan　　　　　　B. English 和 ENGLish

C. English 和 Engl　　　　　　D. China 和 Chin

9. 数学式 sin25° 写成 VB 表达式是（　　　）。

A. Sin25　　　　　　　　　　　B. Sin(25)

C. Sin(25°)　　　　　　　　　　D. Sin(25*3.14/180)

10. 在 VB 中，要强制用户对所用的变量进行显式声明，可以在（　　　）中设置。

A. "属性"对话框　　　　　　　B. "程序代码"窗口

C. "选项"对话框　　　　　　　D. 对象浏览器

11. 下列符号常量的声明中，不合法的是（　　　）。

A. Const a As Single = 1.1　　　B. Const a ="OK"

C. Const a As Double = Sin(1)　　D. Const a As Integer ="12"

12. 在代码编辑器中，续行符是换行书写同一个语句的符号，用以表示续行符的是（　　　）。

A. 一个空格加一个下画线"_"　　B. 一个下画线"_"

C. 一个连字符"-"　　　　　　　D. 一个空格加一个连字符"-"

二、填空题

1. 如果希望使用变量 x 来存放数据 765 432.123 456，应将变量 x 声明为_____类型。

2. 把 VB 算术表达式 a/(b + c/(d + e/Sqr(f))) 改写成数学表达式为_____。

3. 如果 x 是一个正实数，对 x 的第 3 位小数四舍五入的表达式是_____。

4. 函数 Str＄(256.36)的值是_____。

三、思考题

1. VB 定义了哪几种数据类型？变量有哪几种数据类型？常量有哪几种数据类型？

2. 下列数据哪些是变量？哪些是常量？是什么类型的常量？

（1）name　　　　（2）"name"　　　　（3）False

（4）ff　　　　　（5）"11/16/99"　　　（6）cj

（7）"120"　　　　（8）n　　　　　　　（9）#11/16/1999#

（10）12.345

3. 在 VB 中，对于没有赋值的变量，系统默认值是什么？

4. 将下列数学表达式改写为等价的 VB 算术表达式。

（1）$\dfrac{1+\dfrac{y}{x}}{1-\dfrac{y}{x}}$　　　　（2）$\sqrt{|ab-c^3|}$　　　　（3）$\sqrt{s(s-a)(s-b)(s-c)}$

5．写出下列表达式的值。

（1）(2 + 8 * 3) / 2

（2）3^2 + 8

（3）#11/22/99# - 10

（4）"ZYX" & 123 & "ABC"

6．设 A = 7，B = 3，C = 4，求下列表达式的值。

（1）A + 3 * C

（2）A^2 / 6

（3）A / 2 * 3 / 2

（4）A Mod 3 + B^3 / C \ 5

7．写出下列表达式的值。

（1）"Visual"+"Basic"

（2）"xyz" & 1234 & "ABCD"

8．写出下列函数的值。

（1）Int(−3.14159)

（2）Sqr(Sqr(64))

（3）Int(Abs(99−100)/2)

（4）Sgn(7*3+2)

顺序结构程序设计

通过前 3 个单元的学习，我们已经初步接触到了 VB。VB 是一种基于对象的、可视化的程序设计语言。在 VB 中，界面设计非常方便、直观。但是要让计算机完成一个特定的操作，还必须编写相应事件的程序代码，这是程序设计的重点和难点。程序设计有 3 种基本结构，它们是顺序结构、选择结构和循环结构，在接下来的 3 个单元中，我们将分别介绍它们的程序设计方法。

顺序结构是一种线性结构，是程序设计中最简单、最常用的基本结构。它要求顺序地执行每一条语句，是任何从简单到复杂的程序的主体基本结构。本单元我们将通过几个典型的教学任务，学习顺序结构程序设计的数据输出、输入和赋值方法，以及顺序结构中常用的几个命令。主要内容包括：

➢ 数据输出。用 Print 方法实现数据输出，用 Label 控件实现数据输出，用 MsgBox 消息框实现数据输出。

➢ 程序设计中给变量赋值的方法。

➢ 数据输入。利用 TextBox 控件实现数据输入，用 InputBox 输入框实现数据输入。

➢ 几个常用的简单语句。卸载对象语句 Unload，注释语句 Rem 等。

 ## 任务 4.1　数据输出

任务导入

一个没有输出操作的程序是没有什么实用价值的。VB 的输出操作包括文本信息的输出和图形图像的输出。本任务主要介绍文本信息的输出。

学习目标

➢ 会使用 Print 方法将数据输出到窗体上，并能实现简单的对齐。

➢ 能熟练使用标签控件实现数据输出。

➢ 会使用常用对象的位置属性、字体属性及其他常用属性。

➢ 会熟练使用赋值语句为变量赋值。

➢ 会熟练使用卸载语句 Unload、注释语句 Rem 等基本语句。

任务实施

1. 使用 Print 方法直接输出到窗体

对于一些对输出位置要求不很严格的数据，可以使用 Print 方法实现数据输出。

Print 方法可以在窗体上输出文本字符串或表达式的值，并可在其他图形对象或打印机上输出信息。其语法格式为

```
[〈对象名〉.] Print [表达式表] [{, | ;}]
```

说明：

① 如果使用 Print 方法将数据输出到窗体，应先使用 Show（显示）方法，否则输出数据不可见。

② 格式中的〈对象名〉可以是 Form（窗体）、PictureBox（图片框）或 Printer（打印机）。如果省略，则在当前窗体上直接输出。

例如，直接将字符串"你好!"输出到当前窗体，代码如下：

```
Show
Print "你好!"
```

又如，将字符串"HELLO"在 Picture1（图片框）上显示出来，代码如下：

```
Picture1.Print "HELLO"
```

③ [表达式表]是一个或多个表达式，可以是数值表达式或字符串。对于数值表达式，将输出表达式的值；对于字符串，则照原样输出。如果省略[表达式表]，则输出一个空行。

```
Show
x = 1 : y = 2
Print x                    ' 输出变量 x 的值
Print                      ' 输出空行
Print "Hello"              ' 字符串必须放在双引号内
```

输出结果为

```
#
1
Hello
```

输出数据时，数值数据的前面有一个符号位，后面有一个空格，而字符串前后都没有空格。

④ 当输出多个表达式时，各表达式之间用分隔符逗号","或分号";"隔开。

如果使用逗号分隔符，则各输出项按标准输出（分区输出）格式显示，此时，以 14 个字符宽度为单位将输出行分为若干区段，逗号后面的表达式在下一个区段输出。

如果使用分号分隔符，则按紧凑格式输出，即各输出项之间无间隔地连续输出。

例如：

```
a = 2 : b = 4 : c = 6
Show
Print a , b , c , "stud"
Print a , b , c ; "stud" ; "ent"
```

输出结果为

```
2       4       6       stud
2       4       6 student
```

⑤ 如果省略语句行末尾的分隔符，则 Print 方法将自动换行。

如果在语句行的末尾使用分号分隔符，则下一个 Print 输出的内容将紧跟在当前 Print 所输出的信息后面。

如果在语句行的末尾使用逗号分隔符，则下一个 Print 输出的内容将在当前 Print 所输出信息的下一个分区显示。

例如：

```
Show
Print "4*5=";
Print 4*5
Print "2*3=",
Print 2*3
```

输出结果为

```
4*5= 20
2*3=          6
```

⑥ Print 方法具有计算和输出双重功能，对于表达式，总是先计算后输出，例如：

```
x=2 : y=3
Print (x+y)*2
```

该例中的 Print 方法先计算表达式(x+y)*2 的值，然后输出。

 【实例 4.1】

如图 4-1 所示，在窗体中直接输出字符串或数值表达式的值。

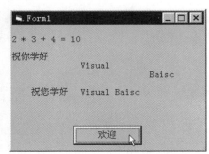

图 4-1   运行程序前后

【实现步骤】

① 建立应用程序用户界面。

新建一个工程，进入窗体设计器，在窗体中增加一个命令按钮 Command1，如图 4-2 所示。

② 设置对象属性。

设置 Command1 的 Caption 属性为"欢迎"。

③ 编写事件代码。

用鼠标右键单击窗体，在弹出的快捷菜单中选择"查看

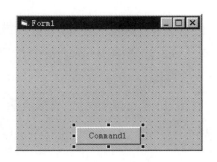

图 4-2   增加一个命令按钮

代码"命令,打开代码窗口。从对象下拉列表框中选中"Command1"项,从过程下拉列表框中选中"Click"项,在代码区输入 Command1_Click() 的代码如下:

```
Private Sub Command1_Click()
  Print
  Print "2 * 3 + 4 ="; 2 * 3 + 4        ' 使用分号";"分隔符
  Print                                 ' 输出一个空行
  Print "祝你学好"
  Print , "Visual"                      ' 使用逗号","分隔符
  Print , , "Baisc"                     ' 使用两个逗号","分隔符
  Print
  Print "    祝您学好",                  ' 在行末使用逗号","分隔符
  Print "Visual"; " Baisc"
End Sub
```

④ 运行程序。

单击工具栏中的"启动"按钮▶执行程序,首先显示如图 4-1(左)所示的窗口,单击"欢迎"按钮,将显示如图 4-1(右)所示的窗口。

单击"文件"菜单→"工程另存为"命令保存工程。程序调试完成后,可单击"文件"菜单→"移除工程"命令,结束本次程序的设计。

2.与 Print 方法有关的函数

为了使数据按指定的格式输出,VB 提供了 Tab、Spc 等函数,这些函数可以与 Print 方法配合使用。

(1)Tab 函数

在 Print 方法中,可以使用 Tab 函数对输出进行定位。其格式为

```
Tab(n)
```

说明:

① n 为数值表达式,其值为一个整数。Tab 函数把显示或打印位置移到由参数 n 指定的列数,从此列开始输出数据。要输出的内容放在 Tab 函数后面,并用分号隔开,例如:

```
Print Tab(10); "姓名"; Tab(25); "性别"; Tab(40); "年龄"
```

② 通常最左边的列号为 1。如果当前的显示位置已经超过 n,则自动下移一行。当 n 大于行的宽度时,显示位置为 n Mod 行宽。

③ 当在一个 Print 方法中有多个 Tab 函数时,每个 Tab 函数对应一个输出项,各输出项之间用分号隔开。

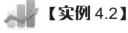 【实例 4.2】

如图 4-3 所示,在窗体上将数据进行对齐输出。

图 4-3　对齐输出

【实现步骤】

编写窗体 Form 的 Click（单击）事件代码：

```
Private Sub Form_Click()
  Show
  FontSize = 12                          '设置输出文本字体的大小
  Print
  Print Tab(10); "姓名"; Tab(25); "性别"; Tab(40); "年龄"
  Print
  Print Tab(10); "张红"; Tab(25); "女"; Tab(40); 17
  Print Tab(10); "海小翔"; Tab(25); "男"; Tab(40); 18
End Sub
```

（2）Spc 函数

在 Print 方法中，还可以使用 Spc 函数对输出进行定位。Spc 函数与 Tab 函数的作用类似，可以互相代替。Spc 函数的格式为

```
Spc(n)
```

 注意

Tab 函数从对象的左端开始计数，而 Spc 函数只表示两个输出项之间的间隔。

3．使用位置属性和字体属性

要精确地把文本输出到窗体、图片框或打印页上，可以用位置属性 CurrentX 和 CurrentY。这两个属性分别表示当前输出位置的横坐标与纵坐标。

如果要控制所显示或打印文本的大小和外观，可以用 VB 中的字体属性。各字体属性及其名称如表 4-1 所示。

表 4-1　字体属性及名称

属　　　性	名　　　称	属　　　性	名　　　称
FontName	字体名	FontSize	字体大小
FontBold	字体样式粗体	FontStrikethrn	加删除线
FontItalic	字体样式斜体	FontUnderline	加下画线

另外，还可以在 Print 方法中用 Format 函数格式化输出格式。

 【实例 4.3】

把字符串"轻轻松松学 VB"按 20 号字体大小输出到窗体上的（2000，1500）坐标位置，如图 4-4 所示。

图 4-4　使用位置属性控制数据输出的位置

【实现步骤】

① 建立用户界面。

选择"新建"工程，进入窗体设计器，增加一个命令按钮 Command1，如图 4-5（左）所示。

② 设置对象属性。

将命令按钮 Command1 的 Caption（标题）属性改为"指定输出位置"，设置属性后的界面如图 4-5（右）所示。

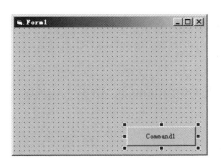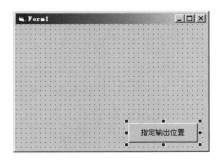

图 4-5　建立用户界面和设置对象属性

③ 编写事件代码。

编写"指定输出位置"命令按钮 Command1 的 Click（单击）事件代码：

```
Private Sub Command1_Click()
  Dim x As String
  x = "轻轻松松学 VB"
  FontSize = 20           '设置输出字体的大小
  FontName = "黑体"        '设置输出文本的字体
  CurrentX = 2000         '设置输出的水平位置
  CurrentY = 1500         '设置输出的垂直位置
  Show
  Print x                 '输出文本
End Sub
```

运行程序，结果如图 4-4 所示。

4．清除方法 Cls

Cls 方法可以清除 Form 或 PictureBox 中由 Print 方法和图形方法在运行时所生成的文本或图形，清除后的区域以背景色填充。Cls 方法的语法格式为

```
[ 对象名 .] Cls
```

说明：

① [对象名]可以是 Form（窗体）或 PictureBox（图片框），如果省略[对象名]，则清除窗体上由 Print 方法和图形方法在运行时所生成的文本或图形。

② 设计时使用 Picture 属性设置的背景位图和放置的控件不受 Cls 影响。

 **【实例 4.4】**

在实例 4.3 的基础上，增加一个命令按钮，当单击该按钮时，可以清除窗体中的文字

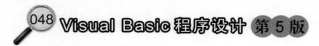

内容，如图 4-6 所示。

图 4-6　清除窗体上的文字

【实现步骤】

在实例 4.3 的窗体界面上增加一个命令按钮 Command2，将其 Caption 属性改为"清除显示内容"，并编写其 Click 事件代码如下：

```
Private Sub Command2_Click()
  Cls
End Sub
```

运行后，结果如图 4-6 所示。

5．使用 Label 控件实现数据输出

Label（标签）控件主要用来显示（输出）文本信息，不能作为输入信息的界面。也就是说 Label 控件的内容只能用 Caption 属性来设置或修改，不能直接编辑。它是 VB 中最常用的输出文本信息的工具，完全可以取代 Print 方法。

Label 控件的常用属性如下。

（1）Caption 属性

Caption 属性用来在标签中显示文本。在默认情况下，Caption（标题）是 Label 控件中唯一的可见部分。

（2）BorderStyle 属性

BorderStyle 属性用来设置标签的边框。该属性可以取两个值，即 0 和 1。默认情况下，该属性值为 0，标签无边框。如果将 BorderStyle（边框样式）属性设置成 1，那么 Label 就有了一个边框。

（3）其他外观属性

可以通过设置 Label 控件的 BackColor、ForeColor 和 Font 等属性来改变 Label 的外观。

【实例 4.5】

如图 4-7 所示，图中有 2 个 Label 控件和 1 个命令按钮，运行时当单击命令按钮后，将改变 Label 控件上显示的内容，并改变第 2 个 Label 控件的边框，使其从有边框变为无边框，内容居中显示。

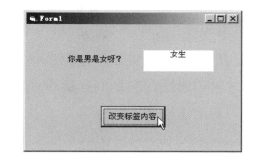

图 4-7 单击命令按钮前后 Label 控件上显示的不同数据

【实现步骤】

① 建立用户界面。

选择"新建"工程，进入窗体设计器，增加一个命令按钮 Command1、两个标签 Label1、Label2，如图 4-8（左）所示。

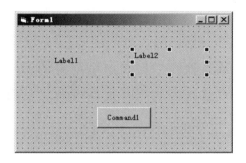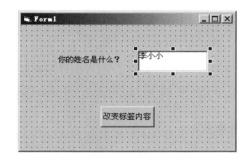

图 4-8 有边框和无边框的标签控件

② 设置对象属性。

分别设置对象的属性，如表 4-2 所示。设置后的界面如图 4-8（右）所示。

表 4-2 属性设置

对　　象	属　　性	属　性　值	说　　明
Command1	Caption	改变标签内容	按钮的标题
Label1	Caption	你的姓名是什么？	标签的内容
	Alignment	2—Center	标签的内容居中显示
Label2	Caption	李小小	标签的内容
	BorderStyle	1—Fixed Single	有边框的标签
	BackColor	&H00FFF	标签的背景改为白色

③ 编写事件代码。

编写"单击"命令按钮 Command1 的 Click（单击）事件代码：

```
Private Sub Command1_Click()
  Label1.Caption = "你是男是女呀？"        ' 改变 Label1 的标题内容
  Label2.Caption = "女生"                  ' 改变 Label2 的标题内容
  Label2.Alignment = 2                     ' Label2 的内容居中显示
  Label2.BorderStyle = 0                   ' 将 Label2 的边框样式改为无边框
End Sub
```

运行程序，结果如图 4-7 所示。

6．赋值语句

赋值语句是编程中最重要、使用最频繁的语句。用赋值语句可以把指定的值赋给某个变量或某个对象的属性，它是为变量和对象属性赋值的主要方法。

赋值语句的语法格式：

[Let]〈名称〉=〈表达式〉

说明：

① [Let]表示赋值，通常省略。

②〈名称〉是变量或属性的名称。

③〈表达式〉可以是算术表达式、字符串表达式、关系型表达式或逻辑表达式，其类型应与变量名的类型一致，即同时为数值型或同时为字符型，否则会出现"类型不匹配"的错误。当同时为数值型但有不同的精度时，强制转换成左边的精度。

④ 赋值语句是先计算〈表达式〉，然后再赋值。

⑤ 格式中的赋值号不是数学上的等号。如语句 $a = 2$ 应读作"将数值 2 赋给变量 a"或是"使变量 a 的值等于 2"，可以理解为 $a \Leftarrow 2$。虽然赋值号与关系运算符的等号都用"="表示，但 VB 系统不会产生混淆，它将根据所处的位置自动判断是何种意义的符号。

 【实例 4.6】

如图 4-9 所示，当单击命令按钮时，Label1 控件中的内容将进行交换。

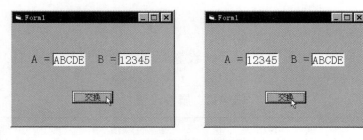

图 4-9　交换变量值前后

【实现步骤】

① 分析。

将两个不同的变量假设为两个瓶子 X、Y，其中分别装有不同颜色的液体，现在需交换瓶子中的液体。可以这样来做：另取一个瓶子 T，先将瓶 X 中的液体倒入瓶 T 中，再将瓶 Y 中的液体倒入瓶 X 中，最后将瓶 T 中的液体倒入瓶 Y 中。交换内容的先后顺序如图 4-10 所示。

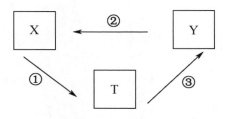

图 4-10　交换内容的先后顺序

② 建立用户界面。

选择"新建"工程，进入窗体设计器，增加一个命令按钮 Command1、4 个标签 Label1～Label4，如图 4-11（左）所示。

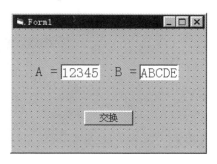

图 4-11　建立界面与设置属性

③ 设置对象属性，如表 4-3 所示。

表 4-3　属 性 设 置

对　象	属　性	属 性 值	说　明
Command1	Caption	交换	按钮的标题
Label1	Caption	A =	标签的内容
Label2	Caption	B =	标签的内容
Label3	Caption	12345	标签的内容
	BackColor	（白色）	标签的背景色
	BorderStyle	1—Fixed Single	单线边框
Label4	Caption	ABCDE	标签的内容
	BackColor	（白色）	标签的背景色
	BorderStyle	1—Fixed Single	单线边框

设置属性后的界面如图 4-11（右）所示。

④ 编写事件代码。

编写"交换两变量的值"命令按钮 Command1 的 Click（单击）事件代码如下：

```
Private Sub Command1_Click()
  t = Label3.Caption
  Label3.Caption = Label4.Caption
  Label4.Caption = t
End Sub
```

运行程序，结果如图 4-9 所示。

7. 卸载对象语句 Unload

当要结束应用程序，或需从内存中卸载窗体，或需从内存中卸载某些控件时，可以使用 Unload 语句。Unload 语句的语法格式为

```
Unload〈对象名〉
```

说明：

〈对象名〉是要卸载的窗体对象或控件的名称。可以用 Me 表示当前所在的窗体对象。

【实例 4.7】

在实例 4.6 的基础上增加"关闭"命令按钮，如图 4-12 所示，当单击该按钮时可以关闭窗体。

图 4-12　关闭窗体

【实现步骤】

只需在实例 4.6 中增加一个命令按钮 Command2，并将其 Caption 属性改为"关闭"，编写 Command2 的 Click 事件代码如下：

```
Private Sub Command2_Click()
  Unload Me                        ' Me 表示按钮所在的窗体对象
End Sub
```

运行程序，结果如图 4-12 所示。

8. 注释语句 Rem

为了提高程序的可读性，通常应在程序的适当位置加上一些注释。注释语句用来在程序中包含注释，语法格式为

```
Rem 〈注释内容〉
```

或

```
' 〈注释内容〉
```

说明：

① 〈注释内容〉指要包括的任何注释文本。在 Rem 关键字与注释内容之间要加一个空格。可以用一个英文单引号（'）来代替 Rem 关键字。

② 如果在其他语句行后使用 Rem 关键字，必须用冒号（:）与语句隔开。若使用英文单引号，则在其他语句行后不必加冒号，例如：

```
s = pi * r ^ 2                    ' 计算圆的面积
v = 4 / 3 * pi * r ^ 3 : Rem 计算球的体积
```

 # 任务 4.2　利用文本框进行数据输入

任务导入

如果程序没有输入操作，必然缺乏灵活性。在 VB 中，允许用户输入文本信息最直接的方法是使用文本框。

本任务学习利用文本框输入数据的方法，焦点、键序的设置方法，以及框架控件的使用等。

 学习目标

➢ 能熟练利用文本框输入数据。

➢ 会设置焦点、改变键序。

➢ 能熟练使用框架控件。

任务实施

1. TextBox 控件的简单使用

TextBox（文本框）控件在窗体上是一个文本编辑区域，用户可以在该区域输入、编辑和显示文本内容。TextBox 控件的常用属性有以下几个。

（1）Text 属性

Text 属性表示文本框中包含的文本内容。

（2）Locked 属性

Locked 属性决定控件是否可编辑。Locked 属性的值为 True 时，文本框的内容不可编辑；为 False 时，可编辑。

（3）PasswordChar 属性

PasswordChar 属性指定显示在文本框中的替代符，如一串"*"号等。主要用于口令的输入。如果 MultiLine 属性被设为 True，则 PasswordChar 属性不起作用。

（4）MaxLength 属性

MaxLength 属性指定显示在文本框中的字符数，超出部分不接收，并同时发出"嘟嘟"声。

【实例 4.8】

在窗体上分别输入某学生语文、数学、英语这 3 门课程的成绩，计算其平均成绩，如图 4-13 所示。

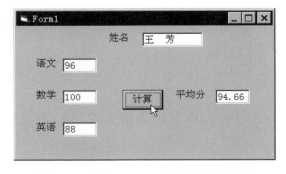

图 4-13 用 TextBox 控件输入数据

【实现步骤】

① 建立用户界面，如图 4-14 所示。

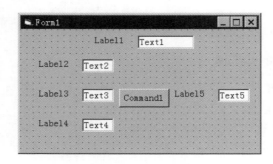

图 4-14　建立用户界面

② 设置对象属性。各控件的属性设置如图 4-13 所示。

③ 编写事件代码。

编写窗体 Form 的 Load（载入）事件代码：

```
Private Sub Form_Load()
  Text1.Text = "" : Text2.Text = ""
  Text3.Text = "" : Text4.Text = ""
  Text5.Text = ""
  Text5.Locked = True                    ' 使 Text5 不可编辑
End Sub
```

编写"计算"命令按钮 Command1 的 Click（单击）事件代码，由于 TextBox 控件默认为字符串，所以把用到的数值型变量说明为 Single（单精度数）。

```
Private Sub Command1_Click()
  Dim a As Single, b As Single, c As Single
  a = Val(Text2.Text)                 ' Val 函数将字符型数据转换为数值型数据
  b = Val(Text3.Text)
  c = Val(Text4.Text)
  Text5.Text = (a + b + c) / 3     ' 求 3 个数的平均值
End Sub
```

运行程序，结果如图 4-13 所示。

2．多行文本的输入

在默认情况下，文本框只能显示单行文本，且不显示滚动条。如果文本长度超出可用空间，则只能显示部分文本。

如果需使文本框显示多行文本，可以修改文本框的 MultiLine 和 ScrollBars 属性，但是这两种属性只能在属性窗口进行修改。

（1）MultiLine 属性

当 MultiLine 属性为 True 时，文本框可以输入或显示多行文本，同时具有文字处理器的自动换行功能，即输入的文本超出显示框时，会自动换行。按 Ctrl+Enter 组合键可插入一个空行。

（2）ScrollBars 属性

当 MultiLine 属性为 True 时，ScrollBars 属性才有效。

0—None：无滚动条。

1—Horizontal：加水平滚动条。

2—Vertical：加垂直滚动条。

3—Both：同时加水平和垂直滚动条。

如果没有水平方向的滚动条，文本框中的文本会自动按字换行。ScrollBars 属性的默认值被设置为 0（None）。

当加入了水平滚动条以后，文本框内的自动换行功能会自动消失，只有按 Enter 键才能换行。

【实例 4.9】

如图 4-15 所示，修改窗体上的 4 个文本框的有关属性，使它们分别显示不同的文本效果。

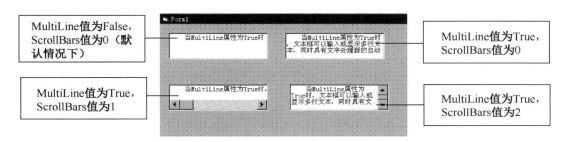

图 4-15　MultiLine 和 ScrollBars 属性

【实现步骤】

在窗体上添加 4 个 TextBox 控件，修改它们的属性，如表 4-4 所示。

表 4-4　属性设置

对　象	属　性	属　性　值	说　明
Text1	MultiLine	False	默认情况下，单行文本，无滚动条
	ScrollBar	0—None	
Text2	MultiLine	True	显示多行文本
	ScrollBar	0—None	无滚动条
Text3	MultiLine	True	显示多行文本
	ScrollBar	1—Horizontal	有水平滚动条
Text4	MultiLine	True	使文本框在运行时显示多行文本
	ScrollBar	2—Vertical	有垂直滚动条

分别在文本框中输入一段较长的文本内容，观察文本显示的效果。

3. 焦点与 Tab 键序

焦点（Focus）就是光标，当对象具有"焦点"时才能响应用户的输入。在 Windows

环境中，在同一时间只有一个窗口、窗体或控件具有焦点。具有焦点的对象通常会以突出显示标题或标题栏形式来表示。

当控件的 Visible 和 Enabled 属性值为 True 时，控件才能接收焦点。但是，某些控件不具有焦点，如标签、框架、计时器等。

可以用 SetFocus 方法在代码中设置焦点。

程序运行时，用户可以通过下列方法之一改变焦点：

➤ 用鼠标单击对象。

➤ 按 Tab 键或 Shift+Tab 组合键在当前窗体的各对象之间巡回移动焦点。

➤ 按热键选择对象。

（1）Tab 键序

控制 Tab 键序的属性有两个。

TabIndex 属性决定控件接收焦点的顺序。

当在窗体上画出第一个控件时，VB 分配给控件的 TabIndex 属性默认值为 0，第二个为 1，第三个为 2，……，以此类推。

用户在程序运行中按 Tab 键时，焦点将根据 TabIndex 属性值所指定的焦点移动顺序移到下一控件。

通过改变控件的 TabIndex 属性值，可以改变默认的焦点移动顺序。

TabStop 属性决定焦点是否能够停在该控件上。

如果某控件的 TabStop 属性设置为 False，在运行中按 Tab 键选择控件时，将跳过该控件，并按焦点移动顺序把焦点移到下一控件上。

 【实例 4.10】

在实例 4.8 的基础上修改程序，使程序无论是在开始时，还是在单击"计算"按钮时，光标都能自动位于输入框 Text1 中，以便于用户输入数据。

【实现步骤】

在实例 4.8 的基础上，编写窗体的 Activate（控件激活）事件代码，在其中设置焦点，如下：

```
Private Sub Form_Activate()
  Text1.SetFocus      ' 设置焦点，使程序开始时光标（焦点）位于输入框 Text1 中
End Sub
```

另外，修改"计算"按钮的 Click 事件代码，在代码中调用 SetFocus 方法，使光标重新回到输入框 Text1，修改后的代码如下：

```
Private Sub Command1_Click()
  Dim a As Single, b As Single, c As Single
  a = Val(Text2.Text)
  b = Val(Text3.Text)
  c = Val(Text4.Text)
  Text5.Text = (a + b + c) / 3
```

```
    Text1.SetFocus          '设置焦点，使光标重新回到输入框 Text1 中
End Sub
```

4．Frame 控件

Frame（框架）控件是一种容器控件。在 Frame 控件内的控件可以随控件一起移动，并且受 Frame 控件某些属性（Visible、Enabled）的控制。

在设计界面时，经常使用 Frame 控件对其他控件进行分组，以使界面更清晰明了。一般情况下，不需要响应 Frame 控件的事件。

使用 Frame 控件将其他控件分组的方法有两个：

① 先画出 Frame 控件并激活，再加入其中的控件。这样可使框架及其上的控件一起移动。

② 如果要用框架将现有的控件分组，可先选定所有控件，将它们剪切到剪贴板，然后选定 Frame 控件并将剪贴板上的控件粘贴到 Frame 控件上。

 【实例 4.11】

在运行时，用户可以在文本框中随意输入小时、分、秒，程序会自动化成共有多少秒。要求在界面设计时，将输入部分与输出部分分隔开，如图 4-16 所示。

【实现步骤】

① 分析：设通过文本框控件输入的小时为 h，分为 m，秒为 s，则利用公式如下：

```
x = h * 3600 + m * 60 + s
```

可以计算共有秒数 x。

② 建立用户界面。

选择"新建"工程，进入窗体设计器，在窗体中增加一个框架控件 Frame1、一个命令按钮 Command1 和一个标签 Label1。在 Frame1 上添加 3 个文本框控件 Text1～Text3，如图 4-17 所示。

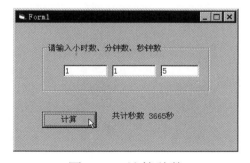

图 4-16　计算秒数

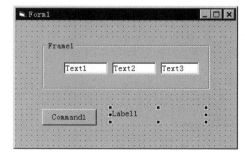

图 4-17　建立用户界面

③ 设置对象属性，如表 4-5 所示。

表 4-5　属性设置

对　　象	属　　性	属　性　值	说　　明
Frame1	Caption	请输入小时数、分钟数、秒钟数	框架的标题
Command1	Caption	计算	按钮的标题
Text1～Text3	Text	（空）	文本框的内容
Label1	Caption	（空）	标签的标题

设置属性后的窗体，参见图 4-16。

④ 编写事件代码。

编写"计算"命令按钮 Command1 的 Click（单击）事件代码如下：

```
Private Sub Command1_Click()
    Dim h As Integer, m As Integer, s As Integer ' 定义小时、分、秒的数据类
型为整型
    Dim x As Long
    h = Val(Text1.Text)                          ' 通过 Text1 输入小时数
    m = Val(Text2.Text)                          ' 通过 Text2 输入分钟数
    s = Val(Text3.Text)                          ' 通过 Text3 输入秒数
    x = h * 3600 + m * 60 + s                     ' 计算秒数
    Label1.Caption = "共计秒数" & Str(x) & "秒"   ' 输出到 Label1
End Sub
```

运行程序，结果如图 4-16 所示。

任务 4.3　使用对话框实现数据的输入和输出

➡ 任务导入

除了我们前面学习的数据输入和输出方法外，在图形用户界面中，对话框（DialogBox）也是程序与用户交互的另一种途径。

对话框分为两种：一是输入框（InputBox），可以输入信息；二是消息框（MsgBox），可以显示信息，也就是输出信息。

本任务学习使用对话框实现数据输入和输出的方法。

➡ 学习目标

➢ 能熟练使用输入框（InputBox）输入数据。

➢ 能熟练使用消息框（MsgBox）输出数据。

➡ 任务实施

1. 输入框（InputBox）

InputBox 函数显示一个能接收用户输入数据的对话框，并返回用户在对话框中输入的信息。InputBox 函数的语法格式为

```
变量 = InputBox(〈信息内容〉[,〈对话框标题〉][,〈默认内容〉])
```

说明：

① 〈信息内容〉指定在对话框中出现的文本。在〈信息内容〉中使用硬回车符 CHR(13) 可以使文本换行。对话框的高度和宽度随着〈信息内容〉而增加，最多可有 1024 个字符。

② 〈对话框标题〉指定对话框的标题。

③ 〈默认内容〉可以指定输入框的文本框中显示的默认文本。如果用户单击"确定"按钮，文本框中的文本将返回到变量中，若用户单击"取消"按钮，返回的将是一个零长度的字符串。

④ 如果省略了某些可选项，中间应加入相应的逗号分隔符。

【实例 4.12】

在一个笼子中关着若干只鸡和若干只兔。已知鸡有 2 只脚，兔有 4 只脚，如果现在鸡和兔的总头数为 h，总脚数为 f。编制程序，求出笼中鸡和兔各有多少只。

【实现步骤】

① 分析：设笼中有鸡 x 只，兔 y 只，由条件可得方程组：

$$\begin{cases} x+y=h \\ 2x+4y=f \end{cases}$$

解方程组得：

$$\begin{cases} x=\dfrac{4h-f}{2} \\ y=\dfrac{f-2h}{2} \end{cases}$$

② 建立用户界面与设置对象属性。

选择"新建"工程，进入窗体设计器，首先增加 3 个 Label1～label3 控件和一个命令按钮 Command1，其属性设置如图 4-18 所示。

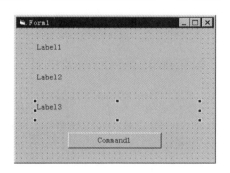
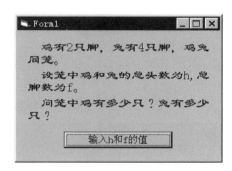

图 4-18 "鸡兔同笼"问题

③ 编写事件代码。

编写"输入 h 和 f 的值"命令按钮 Command1 的 Click（单击）事件代码，如下：

```
Private Sub Command1_Click()
  Dim h As Integer, f As Integer
  h = Val(InputBox("鸡和兔的总头数", "请输入", 0))
  f = Val(InputBox("鸡和兔的总脚数（偶数）", "请输入", 0))
  x = (4 * h - f) / 2
  y = (f - 2 * h) / 2
  Label2.Caption = " 设笼中鸡和兔的总头数为" & h & "，总脚数为" & f & "。"
  Label3.Caption = " 则笼中鸡有" & x & "只,兔有" & y & "只。"
End Sub
```

④ 运行程序。单击命令按钮依次弹出两个输入框接收输入的数据，如图 4-19 所示。

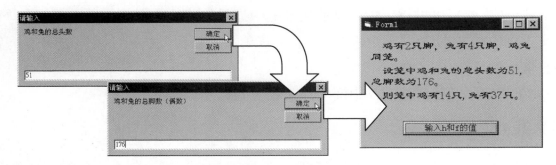

图 4-19　使用 InputBox 实现数据的输入

2．消息框（MsgBox）

在程序运行的过程中，有时需要显示一些简单的信息如警告或错误等，此时可以利用"消息对话框"来显示这些内容。当用户接收到信息后，可以单击按钮关闭对话框，并返回单击的按钮值。

MsgBox 函数在对话框中显示信息，等待用户单击按钮，并返回一个整数以标明用户单击了哪个按钮。MsgBox 函数的语法格式为

变量 ＝ MsgBox（〈消息内容〉[，〈对话框类型〉][，〈对话框标题〉]]）

说明：

① 〈消息内容〉指定在对话框中出现的文本。在〈消息内容〉中使用硬回车符 CHR（13）可以使文本换行。对话框的高度和宽度随着〈消息内容〉的增加而增加，最多可有1024 个字符。

② 〈对话框类型〉指定对话框中出现的按钮和图标，一般有 3 个参数。其取值和含义如表 4-6、表 4-7 和表 4-8 所示。这 3 种参数值可以相加以达到所需要的样式。

表 4-6　参数 1——出现按钮

值	常　　量	说　　明
0	vbOKOnly	确定按钮
1	vbOKCancel	确定和取消按钮
2	vbAbortRetryIgnore	终止、重试和忽略按钮
3	vbYesNoCancel	是、否和取消按钮
4	vbYesNo	是和否按钮
5	vbRetryCancel	重试和取消按钮

表 4-7　参数 2——图标类型

值	常　　量	说　　明
16	vbCritical	停止图标
32	vbQuestion	问号（？）图标
48	vbExclamation	感叹号（！）图标
64	vbInformation	消息图标

表 4-8 参数 3——默认按钮

值	常　量	说　明
0	vbDefaultButton1	默认按钮为第 1 按钮
256	vbDefaultButton2	默认按钮为第 2 按钮
512	vbDefaultButton3	默认按钮为第 3 按钮

③〈对话框标题〉指定对话框的标题。下述代码将显示如图 4-20 所示的对话框：

```
msg = MsgBox("请确认输入的数据是否正确！", 3 + 32 + 0, "数据检查")
```

图 4-20　消息对话框

④ MsgBox( )返回的值指明了在对话框中选择哪一个按钮，如表 4-9 所示。

表 4-9　MsgBox 函数的返回值

返回值	常　量	按　钮
1	vbOK	确定按钮
2	vbCancel	取消按钮
3	vbAbort	终止按钮
4	vbRetry	重试按钮
5	vbIgnore	忽略按钮
6	vbYes	是
7	vbNo	否

⑤ 代码中的值可以是数值，也可以是数值常量。

⑥ 如果省略了某些可选项，必须加入相应的逗号分隔符。

⑦ 若不需要返回值，则可以使用 MsgBox 的命令形式：

```
MsgBox〈信息内容〉[,〈对话框类型〉[,〈对话框标题〉]]
```

【实例 4.13】

在实例 4.11 的基础上修改程序，使数据的输出结果显示在一个消息框上，如图 4-21 所示。

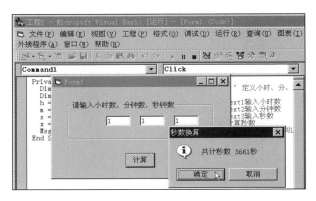

图 4-21　利用消息框输出结果

【实现步骤】

① 修改用户界面。删除标签 Label1。

② 修改事件代码。

```
Private Sub Command1_Click()
  Dim h As Integer, m As Integer, s As Integer
  Dim x As Long
  h = Val(Text1.Text)
  m = Val(Text2.Text)
  s = Val(Text3.Text)
  x = h * 3600 + m * 60 + s
  MsgBox "共计秒数" & Str(x) & "秒", 1 + 64 + 0, "秒数换算"  ' 利用消息框
    输出
End Sub
```

运行程序，结果如图 4-21 所示。

巩固与提高 4

一、选择题

1. 要将名为 MyForm 的窗体显示出来，正确的使用方法是（　　）。

   A．MyForm.Show   B．Show.MyForm

   C．MyForm Load   D．MyForm Show

2. 要将窗体中的某个命令按钮设置成无效状态，应设置命令按钮的（　　）属性。

   A．Value   B．Visible

   C．Enabled   D．Default

3. 输入代码时，VB 可以自动检测（　　）。

   A．语法错误   B．编译错误

   C．运行错误   D．逻辑错误

4. 在 VB 中，要将一个窗体加载到内存进行预处理但不显示，应使用的语句是（　　）。

   A．Load   B．Show

   C．Hide   D．Unload

5. 以下能在窗体 Form1 的标题栏中显示"VisualBasic 窗体"的语句是（　　）。

   A．Form1.Name="VisualBasic 窗体"   B．Form1.Title="VisualBasic 窗体"

   C．Form1.Caption="VisualBasic 窗体" D．Form1.Text="VisualBasic 窗体"

6. 对下列程序段，说法正确的是（　　）。

   　　　Text1.Top=2000　:　Text1.Left=800

   A．Text 对象的左边界距窗体的左边界是 800twip，上边界距窗体的上边界为 2000twip

   B．Text1 的左边界距屏幕的左边界为 800twip，上边界距屏幕的上边界为 2000twip

C．Text1 对象的宽度为 2000twip，高度为 800twip

    D．Text1 对象的高度为 800 点，宽度为 2000 点

7．单击窗体上的关闭按钮时，触发的事件是（　　　）。

    A．Form_Initialize()　　　　　　　B．Form_Load()

    C．Form_Unload()　　　　　　　　D．Form_Click()

8．用于将屏幕上的对象分组的控件是（　　　）。

    A．列表框　　　　　　　　　　　　B．组合框

    C．标签　　　　　　　　　　　　　D．框架

9．能够获得一个文本框中被选取文本的内容的属性是（　　　）。

    A．Text　　　　　　　　　　　　　B．Length

    C．Seltext　　　　　　　　　　　　D．SelStart

10．用 InputBox 函数设计的对话框，其功能是（　　　）。

    A．只能接收用户输入的数据，但不会返回任何信息

    B．能接收用户输入的数据，并能返回用户输入的信息

    C．既能用于接收用户输入的信息，又能用于输出信息

    D．专门用于输出信息

二、填空题

1．下列语句的输出结果为＿＿＿＿＿＿。
```
Print Format$(5689.36,"000,000.000")
```

2．为了使一个窗体从屏幕消失但仍在内存中，所使用的方法或语句为＿＿＿＿＿＿。

3．当对象得到焦点时，会触发＿＿＿＿＿事件，当对象失去焦点时将触发＿＿＿＿＿事件。

4．新建一个工程，内有两个窗体，窗体 Form1 上有一个命令按钮 Command1，单击该按钮，Form1 窗体消失，显示 Form2 窗体，试补充程序。
```
Private Sub Command1_Click()
    ＿＿＿＿
    Form2.＿＿＿＿
End Sub
```

5．在文本框中要使输入的所有字符显示为*号，应设置＿＿＿＿＿＿属性为"*"。

三、编程题

1．设计工程，已知圆的半径 r，求圆面积 S。

2．已知平面坐标系中两点的坐标，求两点间的距离。

3．在文本框中输入 3 种商品的单价、购买数量，计算并输出所用的总金额。

4．设计工程，输出在指定范围内的 3 个随机数，范围在文本框中输入。

5．使用大小写转换函数设计程序，实现在文本框中输入英文字母，按"转大写"按钮，文本变为大写；按"转小写"按钮，文本变为小写。

6．设某职工应发工资 x 元，试求各种票额钞票总张数最少的付款方案。

选择结构程序设计

顺序现象是客观世界最常见、最简单的普遍现象。但是在自然界中还存在许许多多的分支现象，例如，树有干、干有枝、枝有叶的分权现象；路有丁字路、十字路的分路现象，等等。同样，在日常生活中，同一产品因质量不同而分为一等品、二等品、三等品、等外品；同一班级的学生学习成绩有优秀、良好、中等、及格、不及格等分类现象。对于自然界和日常生活中诸如此类的一分为二、一分为三甚至更多的客观现象，可以说几乎随时随地都能见到，我们将这类现象称为分支现象。

选择结构是一种常用的基本结构，是计算机科学用来描述自然界和社会生活中分支现象的重要手段。其特点是，根据所给定的条件为真（条件成立）与否，而决定从各实际可能的不同分支中执行某一分支的相应操作，并且任何情况下总有："无论分支多寡，必择其一；纵然分支众多，仅选其一"的特性。

本单元将通过若干教学任务，介绍 VB 中提供的实现选择结构程序设计的多种语句和相关选择性控件。主要内容包括：

> 关系表达式和布尔表达式的运算方法。
> 简单条件选择结构的程序实现方法。
> 多分支条件选择结构的程序实现方法。
> 计时器、单选钮和复选框控件的使用。

任务 5.1 条件表达式

任务导入

在选择结构中，需要根据给定的条件来判断执行不同的分支。在条件语句中，作为判断依据的表达式称为"条件表达式"。根据"条件"的简单或复杂程度，条件表达式可以分为两类：关系表达式与布尔表达式。

条件表达式的结果为布尔值：True 或 False。在 VB 中，True 的值为-1，False 的值为 0。本任务学习条件表达式和布尔表达式的计算方法。

学习目标

> 掌握关系表达式的计算方法。
> 掌握布尔表达式的计算方法。
> 能够正确运用各种运算符的优先级。

任务实施

1. 关系表达式

关系表达式是用关系运算符将两个表达式连接起来的式子。关系表达式的格式为

〈表达式 1〉〈关系运算符〉〈表达式 2〉 [〈关系运算符〉〈表达式 3〉…]

说明：

① 在 VB 中，提供了 6 种关系运算符，即小于"<"、小于或等于"<="、大于">"、大于或等于">="、等于"="、不等于"<>"。

② 关系表达式的运算次序：先分别求出关系运算符两侧表达式的值，然后把二者进行比较，二者的关系若与关系运算符指示的一样，则关系运算的结果为 True，否则为 False。

③ 关系运算符两侧可以是数值型表达式、字符型表达式或日期型表达式，也可以是作为表达式特例的常量、变量或函数。

➤ 数值型数据：按数值大小进行比较。

➤ 字符型数据：按 ASCII 码值进行比较。在比较两个字符串时，首先比较两个字符串的第一个字符，ASCII 码值较大的字符所在的字符串大。如果第一个字符相同，则比较第二个，……，以此类推。常见字符值的大小为

"空格" < "0" < … < "9" < "A" < … < "Z" < "a" < … < "z" < "任何汉字"

➤ 日期型数据：将日期看成"yyyymmdd"的 8 位整数，按数值大小比较。

④ 关系运算符的运算级别相同，从左向右进行计算。

⑤ 如果运算符两侧的数据类型不相同，则 VB 将进行强制转换，例如：

"8" < 10，值为 True，强制转换为数值型

1 > (2 > 1)，值为 True，强制转换为数值型

1 = True，值为 False，强制转换为数值型

⑥ 数学不等式：$1 \leqslant x \leqslant 5$，在 VB 中不能写成 1 <= x <= 5。

因为，令 x = 6，不满足 $1 \leqslant x \leqslant 5$，但在 VB 中 1 <= x <= 5 中却是 True。这是由于在 VB 中，1 <= x <= 5 相当于（1 <= x）<= 5。

⑦ 不要对单精度数或双精度数进行等于"="比较，例如：

1.0/3.0*3.0=1.0

在数学上该表达式为恒等式。但由于计算机运算时的浮点误差，将造成不相等。

 【实例 5.1】

计算下列表达式的值。

① 3 < 6   ② 8 <= 5   ③ 3 > 2   ④ 2 >= 3

⑤ 2 = 3   ⑥ "a" <> "b"   ⑦ 3 * 4 < 1 + 2

【解答】

① 3 < 6，值为 True

② 8 <= 5，值为 False

③ 3 > 2，值为 True

④ 2 >= 3，值为 False

⑤ 2 = 3，值为 False

⑥ "a" <> "b"，值为 True

⑦ 3 * 4 < 1 + 2，值为 False

2. 布尔表达式

布尔表达式是指用布尔运算符连接若干关系表达式或布尔值而组成的式子。如不等式 $1 \leq x \leq 5$ 可以表示为 1 <= x And x <= 5。布尔表达式的值也是一个布尔值。

VB 中，常用的布尔运算符有 3 种：Not、And、Or。

① 非 "Not"，表示由真变假，或由假变真，进行取 "反" 操作。

② 与 "And"，两个表达式的值均为真，结果才为真，否则为假。

③ "Or"，两个表达式中只要有一个值为真，结果就为真，只有两个表达式的值均为假，结果才为假。

布尔运算真值表如表 5-1 所示。

表 5-1　布尔运算真值表

a	b	Not a	a And b	a Or b
True	True	False	True	True
True	False	False	False	True
False	True	True	False	True
False	False	True	False	False

⚠️ **注意**

关系表达式绝不能比较布尔型数据。例如，设 Yn 为布尔型变量，则下面的写法是错误的：

```
Yn = True
```

 【实例 5.2】

计算下列表达式的值：

① Not (1 > 0)　　　　　② Not（"a" <> "a"）

③ (2 > 3) And (1 < 2)　　④ (2 > 3) Or (1 < 2)

【解答】

① Not (1 > 0)，值为 False

② Not（"a" <> "a"），值为 True

③ 2 > 3 And 1 < 2，值为 False

④ 2 > 3 Or 1 < 2，值为 True

3. 运算符的优先顺序

当在一个表达式中需要进行多种运算操作时，VB 会按一定的顺序进行求值，这个顺序称为运算符的优先顺序。运算符的优先顺序如表 5-2 所示。

表 5-2　运算符的优先顺序

优先顺序	运算符类型	运 算 符	运算符类型	运 算 符
1	算术运算符	^（指数）	字符串运算符	&（字符串连接）
2		−（负数）		
3		*、/（乘法和除法）		
4		\（整除）		
5		Mod（求模）		
6	算术运算符	+、−（加法和减法）		
7	关系运算符	=、<>、<、>、<=、>=		
8	布尔运算符	Not		
9		And		
10		Or		

 注意

① 同级运算按照从左到右的顺序进行。

② 括号内的运算优先于括号外的运算，在括号内运算符的优先顺序不变。

 【实例 5.3】

写出 VB 表达式 2 + 3 > 1 + 4 And Not 6 < 8 的值。

【解答】在计算前，先要看清表达式中有哪些运算符，根据运算符的优先级进行计算。本题中应按下面的步骤进行计算：

① 算术运算：5 > 5　And　Not 6 < 8

② 关系运算：False　And　Not True

③ 非运算：False　And　False

④ 结果：False

 任务 5.2　简单条件选择结构的程序设计

任务导入

简单条件选择结构是最常见的典型分支结构，其功能是对所给条件进行判断，从而决定在两个分支中选择哪一个来执行。

在 VB 中，简单条件选择结构用 If 语句来实现。它有两种格式：一种是单行结构条件语句，另一种是块结构条件语句。

本任务学习用 If 语句来实现简单条件选择结构的方法和技巧。

学习目标

➤ 能熟练使用 If 语句解决双分支现象。

➤ 会使用 If 语句的嵌套解决多分支现象。

任务实施

1. 单行结构条件语句 If…Then…Else

单行条件语句比较简单，其语法格式为

    If〈条件〉Then [〈语句组 1〉] [Else〈语句组 2〉]

说明：

①〈条件〉可以是关系表达式、布尔表达式或数值表达式。如果以数值表达式作为条件，则非 0 值为真，0 为假。

② 单行条件语句的执行过程：判断〈条件〉，若为 True，则执行〈语句组 1〉；否则执行 Else 后面的〈语句组 2〉。

③ 如果没有 Else 子句，〈语句组 1〉为必要参数，在〈条件〉为 True 时执行了〈条件〉为 False 时，什么都不做，执行 If 下面的语句。

【实例 5.4】

在窗体上由用户任意输入一个整数，设计程序判定该数是奇数还是偶数，如图 5-1 所示。

【实现步骤】

① 分析：判断某整数是奇数还是偶数，就是检查该数能否被 2 整除。若能被 2 整除，该数为偶数；否则为奇数。被 2 整除，可以利用 Mod 运算来完成。

② 建立用户界面，如图 5-2 所示。

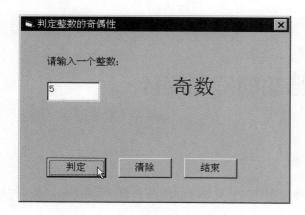
图 5-1　判断整数的奇偶性

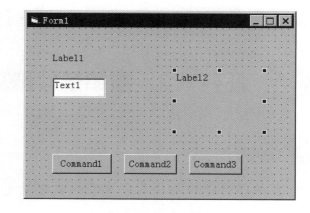
图 5-2　用户界面

③ 设置对象属性，如表 5-3 所示。

表 5-3 属性设置

对 象	属 性	属 性 值	说 明
Form	Caption	判定整数的奇偶性	
	BorderStyle	1—Fixed Dialog	固定对话框，包含控制菜单框和标题栏，不包含最大化和最小化按钮，不能改变尺寸
Label1	Caption	请输入一个整数：	
Label2	Caption		空
	FontSize	20	字体大小为 20 磅
Command1	Caption	判定	
Command2	Caption	清除	
Command3	Caption	结束	
Text1	Text	""	空

④ 编写事件代码。

编写"判定"命令按钮 Command1 的 Click（单击）事件代码：

```
Private Sub Command1_Click()
  Dim x As Integer
  x = Val(Text1.Text)
  If x Mod 2 = 0 Then Label2.Caption = "偶数" Else Label2.Caption = "
奇数"
  End Sub
```

编写"清除"命令按钮 Command2 的 Click（单击）事件代码：

```
Private Sub Command2_Click()
  Text1.Text = ""
End Sub
```

编写"结束"命令按钮 Command3 的 Click（单击）事件代码：

```
Private Sub Command3_Click()
  Unload Me
End Sub
```

运行程序，结果如图 5-1 所示。

2. 多行结构条件语句 If…Then…Else…End If

使用单行 If 语句时，如果 Then 部分和 Else 部分包含内容较多，可以用 VB 提供的多行 If 语句，其语法格式为

```
If 〈条件〉 Then
  〈语句组 1〉
[Else
  〈语句组 2〉]
End If
```

说明：

① 在多行形式中，If 语句必须是第一行语句。If 块必须以一个 End If 语句结束。

② 当程序运行到 If 块时，首先测试〈条件〉，如果为 True，则执行 Then 之后的〈语

句组 1〉；如果为 False，且有 Else 子句，则执行 Else 部分的〈语句组 2〉。执行完 Then 或 Else 之后的语句列后，从 End If 之后的语句继续执行。

③ Else 子句是可选的。

 【实例 5.5】

修改实例 5.4 中"判定"命令按钮 Command1 的 Click（单击）事件代码如下。重新运行程序，观察效果是否与实例 5.4 相同。

```
Private Sub Command1_Click()
  Dim x As Integer
  x = Val(Text1.Text)
  Label2.FontSize = 20
  If x Mod 2 = 0 Then
    Label2.Caption = "偶数"
  Else
    Label2.Caption = "奇数"
  End If
End Sub
```

【实现步骤】

只需修改 Command1 的 Click 事件代码。注意，代码中 If 语句的格式发生了变化。运行后可以看到结果与任务 5.4 相同。

【实例 5.6】

由用户任意输入两个数，程序可以输出较大数，如图 5-3 所示。

图 5-3　比较两数大小

【实现步骤】

① 建立用户界面与设置对象属性，如图 5-3 所示。

② 编写事件代码。

编写"比较"命令按钮 Command1 的 Click（单击）事件代码：

```
Private Sub Command1_Click()
  Dim x As Single, y As Single
  x = Val(Text1.Text)
  y = Val(Text2.Text)
  If x < y Then
    t = x : x = y : y = t                    ' 交换两个变量的值
```

```
      End If
      Label3.Caption = "较大数为" & Str(x)
    End Sub
```

或者编写代码：

```
Private Sub Command1_Click()
  Dim x As Single, y As Single
  x = Val(Text1.Text)
  y = Val(Text2.Text)
  If x < y Then
    Label3.Caption = "较大数为" & Str(y)
  Else
    Label3.Caption = "较大数为" & Str(x)
  End If
End Sub
```

运行程序，结果如图 5-3 所示。

3. If 语句的嵌套

If 语句的嵌套是指 If 或 Else 后面的语句块中又包含 If 语句。语句形式如下：

```
If〈条件 1〉Then
  If〈条件 2〉Then
    …
  End If
  …
End If
```

 【实例 5.7】

铁路托运行李，从甲地到乙地，规定每张客票托运费计算方法如下：行李质量不超过 50 千克时，每千克 0.25 元；超过 50 千克而不超过 100 千克时，其超过部分每千克 0.35 元；超过 100 千克时，其超过部分每千克 0.45 元。编写程序，输入行李质量，计算并输出托运的费用，如图 5-4 所示。

图 5-4　计算并输出托运的费用

【实现步骤】

① 分析：设行李质量为 w 千克，应付运费为 x 元，则运费公式为

$$x = \begin{cases} 0.25w & (w \leqslant 50) \\ 0.25 \times 50 + 0.35 \times (w - 50) & (50 < w \leqslant 100) \\ 0.25 \times 50 + 0.35 \times 50 + 0.45 \times (w - 100) & (w > 100) \end{cases}$$

② 建立应用程序用户界面并设置对象属性，如图 5-4 所示。

③ 编写程序代码。写出命令按钮 Command1 的 Click 事件代码如下：

```
Private Sub Command1_Click()
  Dim w As Single, x As Single
  w = Val(Text1.Text)
  If w <= 50 Then
    x = 0.25 * w
  Else
    If w <= 100 Then
      x = 0.25 * 50 + 0.35 * (w - 50)
    Else
      x = 0.25 * 50 + 0.35 * 50 + 0.45 * (w - 100)
    End If
  End If
  Text2.Text = x
End Sub
```

运行程序，结果如图 5-4 所示。

4．If 语句的嵌套格式 ElseIf

当需要多层 If 语句嵌套时，可以使用 If 语句的嵌套格式 ElseIf 进行设计，使程序简化易写。其语法格式为

```
If〈条件 1〉Then
  〈语句组 1〉
ElseIf〈条件 2〉Then
  〈语句组 2〉
  ...
[Else
  〈语句组 n+1〉]
End If
```

说明：

① 在 If 块中，Else 和 ElseIf 子句都是可选的。可以放置任意多个 ElseIf 子句，但是都必须在 Else 子句之前。

② 执行过程：当程序运行到 If 块时，测试〈条件 1〉。如果为 True，执行 Then 之后的语句；如果条件为 False，则每个 ElseIf 部分的条件式（如果有的话）会依次计算并加以测试。如果找到某个为 True 的条件，则其紧接在相关的 Then 之后的语句组被执行。如果没有一个 ElseIf 条件为 True（或是根本就没有 ElseIf 子句），则程序会执行 Else 部分的〈语句组 n+1〉。在执行完 Then 或 Else 之后的语句列后，会从 End If 之后的语句继续执行。

【实例 5.8】

某百货公司为了促销，采用购物打折的优惠办法，即每位顾客一次购物：

① 在 1000 元以上 2000 元以下者，按九五折优惠；

② 在 2000 元以上 3000 元以下者，按九折优惠；

③ 在 3000 元以上 5000 元以下者，按八五折优惠；

④ 在 5000 元以上者，按八折优惠。

如图 5-5 所示，设计程序，输入购物款数，计算并输出优惠价。

图 5-5　计算优惠价

【实现步骤】

① 分析：设购物款数为 x 元，优惠价为 y 元，优惠付款公式为

$$y = \begin{cases} x & (x < 1000) \\ 0.95x & (1000 \leqslant x < 2000) \\ 0.9x & (2000 \leqslant x < 3000) \\ 0.85x & (3000 \leqslant x < 5000) \\ 0.8x & (x \geqslant 5000) \end{cases}$$

② 建立应用程序用户界面与设置对象属性，如图 5-5 所示。

③ 编写事件代码。命令按钮 Command1 的单击（Click）事件代码为

```
Private Sub Command1_Click()
  Dim x As Single, y As Single
  x = Val(Text1.Text)
  If x < 1000 Then
    y = x                          ' 1000 元以下不优惠
  ElseIf x < 2000 Then
    y = 0.95 * x                   ' 1000～2000 元，九五折
  ElseIf x < 3000 Then
    y = 0.9 * x                    ' 2000～3000 元，九折
  ElseIf x < 5000 Then
    y = 0.85 * x                   ' 3000～5000 元，八五折
  Else
    y = 0.8 * x                    ' 5000 元以上，八折
  End If
  Text2.Text = y
End Sub
```

运行程序，结果如图 5-5 所示。

任务 5.3　多分支条件选择结构的程序设计

任务导入

用 If 语句实现的选择结构是从两个分支中选择其中之一。在有些问题的处理中，往往不止两个分支，而有多个分支，要求从多条路径中选择其中一条。当然，用 If 语句的嵌套形式也能实现，但不够便捷。为此，VB 提供了多分支选择语句 Select Case 来实现多分支选择。这样，当需要根据某一表达式的结果执行多种可能的动作时，使用 Select Case 语句更为简洁。

本任务将学习多分支选择结构 Select Case 语句的编程方法。

学习目标

➢ 理解多分支选择结构的特点。

➢ 能熟练使用 Select Case 语句解决多分支问题。

任务实施

1. Select Case 语句的语法格式

使用 Select Case 语句进行多分支选择的特点：从多个选择分支中，选择第一个条件为真的路线作为执行路线。

Select Case 语句的语法格式：

```
Select Case 〈测试条件〉
  [Case 〈表达式表 1〉
    〈语句组 1〉]
  [Case 〈表达式表 2〉
    〈语句组 2〉]
   ...
  [Case Else
    〈语句组 n+1〉]
End Select
```

说明：在 Select Case 语句中的 Case 子句中，〈表达式表〉为必要参数，用来测试其中是否有值与〈测试条件〉相匹配。

2. Select Case 语句中〈表达式表〉的使用说明

Case 子句中的〈表达式表〉是一个或多个表达式的列表，形式有以下 3 种：

形式①：表达式

说明：表达式为数值表达式或字符串表达式。例如：

```
    Case 3 * x
```

形式②：表达式 To 表达式

说明：用来指定一个值范围，较小的值要出现在 To 之前，例如：

```
    Case 1 To 10
    Case "a" To "d"
```

形式③：Is 关系运算表达式

说明：可以配合比较运算符来指定一个数值范围。如果没有提供，则 Is 关键字会被自动插入，例如：

```
    Case Is < 100
```

 注意

① 当使用多个表达式的列表时，表达式与表达式之间要用逗号"，"隔开，例如：

```
    Case 2 , 4 , 6
    Case 10 To 20 , 100 To 200
    Case Is < 10 , Is > 30
```

② 在 Case 子句中使用多个表达式时，所列表达式的形式可以不相同，既可以使用值，又可以使用条件或范围，还可以混合使用，例如：

```
    Case 2 , 4 , 6 , 10 To 20 , Is > 30
```

 【实例 5.9】

如图 5-6 所示，为某航空公司设计程序，根据月份和订票张数决定票价的优惠率。假设优惠规定如下：

① 在旅游的旺季 7～9 月份，如果订票数超过或等于 20 张，票价优惠 15%；20 张以下，优惠 5%。

② 在旅游的淡季 1～5 月份、10 月份、11 月份，如果订票数超过或等于 20 张，票价优惠 30%；20 张以下，优惠 20%。

③ 其他情况一律优惠 10%。

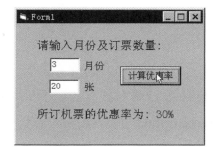

图 5-6　计算优惠价

【实现步骤】

① 建立用户界面与设置对象属性，参见图 5-6。

② 编写事件代码。

编写"计算优惠率"命令按钮 Command1 的 Click（单击）事件代码：

```
Private Sub Command1_Click()
  Dim m As Integer, n As Integer, r As Integer
  m = Val(Text1.Text)
  n = Val(Text2.Text)
  Select Case m
    Case Is <= 5, 10, 11            ' 1～5月份、10月份、11月份
      If n < 20 Then r = 20 Else r = 30 ' 超过或等于20张优惠30%，20张以下
      优惠20%
    Case 7 To 9                      ' 7～9月份
      If n < 20 Then r = 5 Else r = 15        ' 超过或等于20张优惠15%，20
      张以下优惠5%
    Case Else                        ' 其他情况优惠10%
      r = 10
  End Select
  Label4.Caption = "所订机票的优惠率为:" & Str(r) & "%"
End Sub
```

运行程序，结果如图 5-6 所示。

任务 5.4　计时器、单选钮、复选框控件

任务导入

Windows 环境下的应用程序非常注重用户界面的美观和实用。控件是构成用户界面的基本元素，只有掌握好控件所具有的属性、方法及该控件能接收的事件，才能写出界面友好、操作简练的应用程序。

在 VB 工具箱中有 20 个标准控件，我们在前面已经介绍了其中的 3 个控件，即标签控件 Label、文本框控件 Text、命令按钮控件 CommandButton。本任务将再介绍 3 个标准控件：计时器 Timer、单选钮 OptionButton、复选框 CheckBox。其他控件将在以后任务中逐渐介绍。

学习目标

➢ 会使用计时器（Timer）控件进行编程。

➢ 能熟练使用单选钮（OptionButton）控件。

➢ 能熟练使用复选框（CheckBox）控件。

任务实施

1. Timer（计时器）控件

Timer（计时器）控件能有规律地以一定的时间间隔激发 Timer 事件而执行相应的程序代码。

Timer 控件在设计时显示为一个小时钟图标，而在运行时并不显示在屏幕上，通常用标签来显示时间。

计时器控件 Timer 的主要属性有以下两个。

① Enabled 属性：该属性为 True 时，计时器开始工作；为 False 时，暂停。

② Interval 属性：表示两个计时器事件之间的时间间隔，其值以毫秒（ms）为单位，介于 0 与 64767 之间，所以最大的时间间隔约为 1.5min。例如：

➢ 如果需要屏蔽计时器，则将 Interval 设为 0。

➢ 如果需每 0.5s 产生一个计时器事件，则将 Interval 属性值设为 500。这样，每隔 500ms 就激发一次计时器事件，从而执行相应的 Interval 事件过程。

➢ 如果需每 1 秒产生一个计时器事件，则将 Interval 属性值设为 1000。这样，每隔 1000ms 激发一次计时器事件。

 【实例 5.10】

在窗体上建立一个数字计时器，如图 5-7 所示。

图 5-7　数字计时器

【实现步骤】

① 建立用户界面。在窗体上建立一个计时器控件和两个标签控件，如图 5-8 所示。

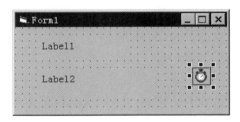

图 5-8　建立用户界面

② 按表 5-4 所示设置对象属性。

表 5-4　属性设置

对　象	属　性	属　性　值
Form	Caption	数字计时器
Label1	Caption	当前时间为：
Label2	BackColor	（白色）
	BordeStyle	1 — Fixed Single
	Caption	
Timer1	Interval	1000

③ 编写事件代码。

编写计时器控件 Timer1 的 Timer 事件代码：

```
Private Sub Timer1_Timer()
  Label2.Caption = Time$
End Sub
```

运行程序，结果如图 5-7 所示。

2．OptionButton（单选钮）控件的主要属性

OptionButton（单选钮）的左边有一个 。一般来说，单按钮总是成组（单选按钮组）出现，用户在一组单选钮中必须选择一项，并且最多只能选择一项。当某一项被选定后，其左边的圆圈中出现一个黑点 。单选钮主要用于在多种功能中由用户选择一种功能的情况。

单选钮的主要属性：

➤ Alignment 属性：当其值为 0 时，表示单选钮在左边，标题显示在右边，为默认设置；当值为 1 时，表示单选钮在右边，标题显示在左边。

➤ Value 属性：当值为 True 时，表示单选钮被选定；值为 False，表示单选钮未被选定，为默认设置。

➤ Enabled 属性：要禁用某单选钮，可将其 Enabled 属性设置为 False。程序运行时，若此单选钮显示模糊，表示无法选取。

3．选择单选钮的方法

选择某单选钮可以用下面的方法之一：

➤ 在运行期间，用鼠标单击某单选钮。

➤ 用 Tab 键定位到单选按钮组，然后在组内使用方向键定位单选钮。

➤ 用代码将它的 Value 属性设置为真（Option1.Value = True）。

➤ 使用在 OptionButton 标题中指定的快捷键。

4．单选钮的事件

单选钮和复选框都可以接受 Click 事件，但一般不需要编写 Click 事件代码。因为当用户单击单选钮和复选框时，它们自动改变状态。

5．单选钮应用实例

【实例 5.11】

如图 5-9 所示，输入圆的半径 r，利用选项按钮，选择计算圆面积、圆周长。

图 5-9　选择计算圆面积、圆周长

【实现步骤】

① 建立用户界面，参见图 5-9。设置对象属性，如表 5-5 所示。

表 5-5　属性设置

对　　象	属　　性	属　性　值	说　　明
Frame1	Caption	请输入圆的半径：	
Option1	Caption	面积	
	Value	True	按钮被选中
Option2	Caption	周长	
Option3	Caption	面积与周长	

② 编写代码。

基本的代码是文本框 Text1 的 KeyPress（按键）事件代码：

```
Private Sub Text1_KeyPress(KeyAscii As Integer)
  Dim r As String
  If KeyAscii = 13 Then
    pi = 3.14159
    r = Val(Text1.Text)
    Select Case True
      Case Option1.Value
        n = pi * r * r
        Label1.Caption = "圆的面积为：" & Str(n)
      Case Option2.Value
        n = 2 * pi * r
        Label1.Caption = "圆的周长为：" & Str(n)
      Case Option3.Value
        n = pi * r * r
        m = 2 * pi * r
        Label1.Caption = "圆的面积为：" & Str(n) & Chr(13) & "    周长为：
          " & Str(m)
    End Select
    Text1.SelStart = 0
    Text1.SelLength = Len(Text1.Text)
  End If
End Sub
```

文本框 Tetx1 的 GotFocus（获得焦点）事件代码：

```
Private Sub Text1_GotFocus()
  Text1.SelStart = 0
  Text1.SelLength = Len(Text1.Text)
End Sub
```

3 个选项按钮具有相同的 Click（单击）事件代码：

```
Private Sub Option1_Click()
  Text1.SetFocus
End Sub
Private Sub Option2_Click()
```

```
    Text1.SetFocus
End Sub
Private Sub Option3_Click()
    Text1.SetFocus
End Sub
```

运行程序，结果如图 5-9 所示。

6. 使用单选按钮组

单选钮的一个特点是当选定其中一个，其余就自动关闭。但当需要在同一窗体中建立几组相互独立的单选钮时，就需要用框架（Frame）将每一组单选钮框起来，这样在一个框架内的单选钮为一组，它们的操作不影响框外其他组的单选钮。

另外，对于其他类型的控件用框架框起来，可提供视觉上的区分和总体的激活或屏蔽特性。

 【实例 5.12】

如图 5-10 所示，在窗体中建立两组单选钮，分别放在名称为"字体"和"字号"的框架中，当分别选择不同的字体和字号时，文本框中文字的字体和字号会随之改变。例如，若用户选定了"宋体"单选钮，还可以选定"14 号"单选钮。该应用程序运行时，只有当用户选定了字体和大小，再单击"确定"按钮后，文本框的字体和大小才改变。

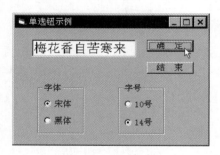

图 5-10　单选按钮组

【实现步骤】

① 建立应用程序用户界面和设置对象属性，如图 5-11 所示。

图 5-11　建立用户界面和属性

② 编写事件代码。

编写"确定"命令按钮 Command1 的 Click（单击）事件代码：

```
Private Sub Command1_Click()
```

```
        If Option1.Value Then
          Text1.FontName = "宋体"
        Else
          Text1.FontName = "黑体"
        End If
        If Option3.Value Then
          Text1.FontSize = 10
        Else
          Text1.FontSize = 14
        End If
    End Sub
```

编写"结束"命令按钮 Command2 的 Click（单击）事件代码：

```
    Private Sub Command2_Click()
      Unload Me
    End Sub
```

程序运行结果如图 5-10 所示。

7. 使用图形选项按钮

使用单选钮的 Style 属性可以将单选钮设计成图形按钮的形式。

➢ Style 属性值为 0-Standard，标准方式。

➢ Style 属性值为 1-Graphical，图形方式。

【实例 5.13】

如图 5-12 所示，将单选钮设置成图形按钮的形式，设计流动字幕板，使滚动字幕内容"海阔凭鱼跃，天高任鸟飞"在窗体中从右向左反复地移动。

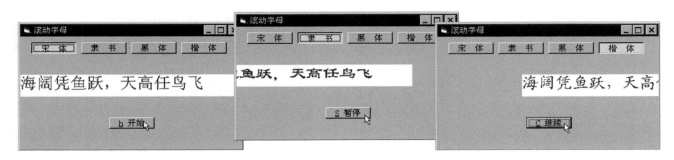

图 5-12　流动字幕板

【实现步骤】

① 建立应用程序用户界面。

选择"新建"工程，进入窗体设计器，增加一个计时器控件 Timer1、一个标签控件 Label1、一个命令按钮 Command1 和 4 个单选钮 Option1～Option4。其中，计时器控件 Timer1 可以放在窗体的任何位置，如图 5-13 所示。

② 设置对象属性。

修改 Timer1 的属性：Interval 改为 100，Enabled 改为 False。修改 Option1～Option4 的

Style 属性为 1-Graphical（图形方式）。其他属性修改如图 5-12 所示。

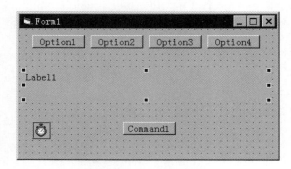

图 5-13　建立用户界面

③ 编写事件代码。

编写命令按钮 Command1 的 Click 事件代码：

```
Private Sub Command1_Click()
  If Command1.Caption = "&S 暂停" Then
    Command1.Caption = "&C 继续"
    Timer1.Enabled = False
  Else
    Command1.Caption = "&S 暂停"
    Timer1.Enabled = True
  End If
End Sub
```

通过在不断激发的 Timer 事件中改变标签的 Left 属性，从而改变标签的位置。编写 Timer1 的 Timer 事件代码：

```
Private Sub Timer1_Timer()
  If Label1.Left + Label1.Width > 0 Then
    Label1.Move Label1.Left - 20            ' 当标签右边位置>0 时，标签向左移
  Else
    Label1.Left = Form1.ScaleWidth          ' 标签从头开始
  End If
End Sub
```

依次编写单选钮 Option1～Option4 的 Click 事件代码：

```
Private Sub Option1_Click()
  Label1.FontName = "宋体"
End Sub
Private Sub Option2_Click()
  Label1.FontName = "隶书"
End Sub
Private Sub Option3_Click()
  Label1.FontName = "黑体"
End Sub
Private Sub Option4_Click()
  Label1.FontName = "楷体"
End Sub
```

程序运行结果如图 5-12 所示。

8. 复选框控件 CheckBox

复选框（CheckBox）的左边有一个□。复选框列出可供用户选择的选项，用户根据需要选定其中的一项或多项。当某一项被选中后，其左边的小方框中就多一个对号☑。

复选框的常用属性与单选钮基本相同，如复选框的 Caption 属性可以指定出现在复选框旁边的文本，而 Picture 属性用来指定当复选框被设计成图形按钮时的图像。

复选框的状态属性 Value 与单选钮不同。复选框的 Value 属性的取值如下：

0 — Unchecked：复选框未被选定，为默认设置。

1 — Checked：复选框被选定。

2 — Grayed：复选框变成灰色，禁止用户选择。

【实例 5.14】

如图 5-14 所示，用复选框控制文本输入是否加上"下画线"和"斜体显示"。

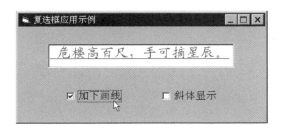 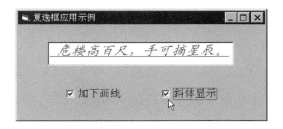

图 5-14　复选框的使用

【实现步骤】

① 建立应用程序用户界面。

在窗体上建立 3 个控件：一个文本框和两个复选框。在文本框中显示文本，由两个复选框决定显示的文本是否加下画线或用斜体显示。

② 设置对象属性。3 个控件的属性设置如图 5-14 所示。

③ 编写事件代码。编写的事件代码如下：

```
Private Sub Text1_Change()
  If Check1.Value = 1 Then
    Text1.FontUnderline = True
  ElseIf Check2.Value = 1 Then
    Text1.FontItalic = True
  End If
End Sub
Private Sub Check1_Click()
  If Check1.Value = 1 Then
    Text1.FontUnderline = True
  Else
    Text1.FontUnderline = False
  End If
```

```
End Sub
Private Sub Check2_Click()
 If Check2.Value = 1 Then
    Text1.FontItalic = True
  Else
    Text1.FontItalic = False
  End If
End Sub
```

程序运行结果如图 5-14 所示。

巩固与提高 5

一、选择题

1. 下列语句正确的是（   ）。

   A. If x<3*y And x>y Then y=x^3

   B. If x<3*y And x>y Then y=3x

   C. If x<3*y : x>y Then y=x^3

   D. If x<3*y : x>y Then y=x**3

2. 下列语句正确的是（   ）。

   A. If A ≠B Then Print "A 不等于 B"

   B. If A<>B Then Printf "A 不等于 B"

   C. If A<>B Then Print "A 不等于 B"

   D. If A ≠B Print "A 不等于 B"

3. 计算 z 的值，当 x>y 时，z=x；否则 z=y。下列语句错误的是（   ）。

   A. If x>=y Then z=x : z=y

   B. If x>=y Then z=x Else z=y

   C. z=y : If x>=y Then z=x

   D. If x<=y Then z=y Else z=x

4. 下列程序段的执行结果为（   ）。

```
X=2
Y=5
If X * Y <1 Then Y=Y-1 Else Y=-1
Print Y - X>0
```

   A. True   B. False   C. -1   D. 1

5. 下列程序段执行结果为（   ）。

```
x=5
y=-6
If Not x>0 Then x=y-3 Else y=x+3
```

```
Print x-y;y-x
```

A. −3 3   B. 5 −9   C. 3 −3   D. −6 5

6. 下列程序段的执行结果为（   ）。

```
a=95
If  a>60  Then  I=1
If  a>70  Then  I=2
If  a>80  Then  I=3
If  a>90  Then  I=4
Print  "I=";  I
```

A. I=1   B. I=2   C. I=3   D. I=4

7. 下列程序段的执行结果为（   ）。

```
x=Int(Rnd()+4)
Select  Case  x
  Case  5
    Print  "excellent"
  Case  4
    Print  "good"
  Case  3
    Print  "pass"
  Case  Else
    Print  "fail"
End  Select
```

A. excellent   B. good   C. pass   D. fail

8. 在窗体上画一个名称为 Timer1 的计时器控件，要求每隔 0.5s 发生一次计时器事件，则以下正确的属性设置语句是（   ）。

A. Timer1.Interval=0.5   B. Timer1.Interval=5

C. Timer1.Interval=50   D. Timer1.Interval=500

二、填空题

1. 闰年的条件：年号（year）能被 4 整除，但不能被 100 整除；或者能被 400 整除。闰年的 VB 布尔表达式是_____。

2. 一元二次方程 $ax^2 + bx + c = 0$ 有实根的条件：$a \neq 0$，并且 $b^2 - 4ac \geq 0$，其相应的 VB 布尔表达式为_____。

3. 有下面一个程序段，从文本框中输入数据，如果该数据满足条件，除以 4 余 1，除以 5 余 2，则输出，否则，将焦点定位在文本框中，并清除文本框的内容。

```
Private  Sub  Command1_Click()
  x=Val(Text1.Text)
  If _____Then
    Print  x
  Else
    Text1.Text=""
    _____
```

```
    End  If
  End  Sub
```

4. 下列程序的功能：当 x<50 时，y=0.8×x；当 50≤x≤100 时，y=0.7×x；当 x＞100 时，没有意义。请填空。

```
Private  Sub  Command1_Click()
   Dim  x  As  Single
   x=InputBox("输入 x 的值")
   _____
   Case  Is<50
     y=0.8 * x
   Case  50  To  100
     y=0.7 * x
   _____
   Print  "输入的数据出界！"
  End  Select
  Print  x , y
End Sub
```

5. 在窗体上画一个文本框和一个计时器控件，名称分别为 Text1 和 Timer1，在属性窗中把计时器的 Interval 属性设置为 100，Enabled 属性设置为 False。程序运行后，如果单击命令按钮，则每隔 1s 在文本框中显示一次当前的时间。请补充程序。

```
Private Sub Command1_Click()
  Timer1._____
End Sub
Private Sub Timer1_Timer()
   Text1.Text=Time
End Sub
```

三、编程题

1. x，y 关系如下，设计程序，输入 x，可计算出 y 的值。
$$y = \begin{cases} 1+x & (x \geqslant 0) \\ 1-2x & (x<0) \end{cases}$$

2. 若基本工资大于等于 600 元，增加工资 20%；若小于 600 元且大于等于 400 元，则增加工资 15%；若小于 400 元，则增加工资 10%。请根据用户输入的基本工资，计算出增加后的工资。

3. 利用单选钮组控制输入文本的字体，界面如图 5-15 所示。

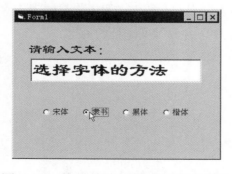

图 5-15　使用单选钮组控制文本字体

4．文本框的 PasswordChar 属性可以隐蔽用户通过键盘输入的字符。编写程序，利用文本框检查用户口令，如图 5-16 所示。

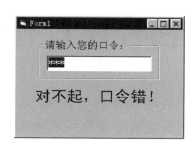

图 5-16　检查用户口令

5．设计一个计时器，能够设置倒计时的时间，并进行倒计时。

6．任意给定一年，判断该年是否是闰年，并根据给出的月份来判断是什么季节和该月有多少天。闰年的条件：年号能被 4 整除但不能被 100 整除，或者能被 400 整除。

循环结构程序设计

循环是客观世界普遍存在的一种现象。茫茫宇宙中，地球不停地围绕太阳循环运转；春夏秋冬来复去，白天黑夜去复来，就更为司空见惯了。人类社会中，不但一般微观社会经济活动有时可抽象为某种循环往复的模式（例如，一个工厂的整个经济活动，可概括为"供、产、销"三环节周而复始的循环活动），而且整个宏观社会经济活动，也可以概括为"生产、分配、交换、消费"四大环节的螺旋式循环运动。

同样地，在我们所处理的问题中，常常遇到这样的情况：某一类问题的计算和处理方法完全一样，只是要求重复计算多次，而每次使用的数据都按照一定的规律进行改变。例如，需要对一个班 40 名学生的成绩进行检查，将不及格者打印出来。类似这样的问题，如果使用顺序结构和选择结构语句来编程，代码将会很长，效率很低。此时，就要用到循环结构。

程序设计中的循环结构（简称循环）是指在程序中，从某处开始有规律地反复执行某一操作块（或程序块）的现象。被重复执行的该操作块（或程序块）称为循环体，循环体的执行与否及次数多少，视循环类型与条件而定。当然，无论何种类型的循环结构，其共同的特点是必须确保循环体的重复执行能被终止（非无限循环）。

本单元将通过若干教学任务，介绍 VB 中循环结构程序设计的实现方法。主要内容包括：

➤ 利用 For 循环实现固定循环次数的循环结构程序设计。

➤ 利用 Do 循环实现不固定循环次数的循环结构程序设计。

➤ 与循环结构相关的列表框控件和组合框控件的程序设计方法。

➤ 程序设计中的几种常用算法。

任务 6.1 For 循环

任务导入

For 循环是按指定次数执行循环体，它在循环体中使用一个循环变量（计数器），每重复一次循环后，循环变量的值就会自动增加或者减少。

本任务将学习使用 For 循环语句进行循环结构程序设计的方法。

学习目标

➤ 掌握 For 循环语句的格式，理解 For 循环的执行过程。

➢ 会计算 For 循环的执行次数。

➢ 能熟练使用 For 循环进行程序设计。

● 任务实施

1．For 循环的简单设计

For...Next 语句的语法格式：

```
For 〈循环变量〉= 〈初值〉To 〈终值〉[Step 〈步长〉]
    [ 语句组 1 ]
    [Exit For]
    [ 语句组 2 ]
Next [ 循环变量 ]
```

说明：

① 〈循环变量〉为必要参数，是用作循环计数器的数值变量，这个变量不能是数组元素。

② 〈初值〉和〈终值〉都是必要参数。

③ 〈步长〉可以是正数或负数。当步长的值为 1 时，可以省略。

④ 如果省略 Next 语句中的[循环变量]，将不影响循环的执行。但如果 Next 语句在它相对应的 For 语句之前出现，则会产生错误。

⑤ For 语句的执行过程：进入 For 循环后，首先把〈初值〉赋给〈循环变量〉，检查〈循环变量〉的值是否超过〈终值〉。如果超过就停止执行循环体，跳出循环，执行 Next 后面的语句；否则执行一次循环体，然后把〈循环变量〉+〈步长〉的值赋给〈循环变量〉，重复上述过程。

⑥ 可以在循环中的任何位置放置任意个 Exit For 语句，随时退出循环。

 【实例 6.1】

如图 6-1 所示，求 1 与 100 之间所有奇数之和，即求 1 + 3 + 5 + … + 99 的值。

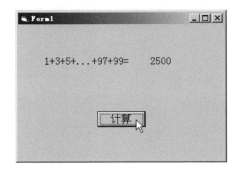

图 6-1　求 1 与 100 之间所有奇数之和

【实现步骤】

① 分析：采用累加的方法，用变量 s 来存放累加的和（开始为 0），用变量 n 来存放"加数"（加到 s 中的数）。这里 n 又称为计数器，从 1 开始到 100 为止。

② 建立应用程序用户界面与设置对象属性，如图 6-2 所示。

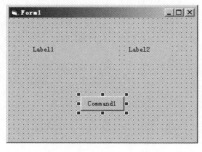
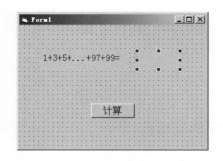

图 6-2　建立用户界面和设置对象属性

③ 编写事件代码。

编写"计算"命令按钮 Command1 的 Click（单击）事件代码：

```
Private Sub Command1_Click()
  Dim s As Integer, n As Integer
  s = 0                           ' 累加器赋初值 0
  For n = 1 To 100 Step 2         ' 初值为1，终值为100，步长为2
    s = s + n                     ' 进行累加
  Next n
  Label2.Caption = s              ' 输出累加结果
End Sub
```

运行程序，结果如图 6-1 所示。

2．For 循环的循环次数

循环次数由〈初值〉、〈终值〉和〈步长〉3 个因素决定。可以通过下式计算：

　　　　循环次数=INT((终值-初值)/步长+1)

如果计算出的循环次数小于或者等于 0，循环次数为 0，这时系统将不执行循环体。
当〈初值〉等于〈终值〉时，不管〈步长〉是正数还是负数，均执行一次循环体。

 注意

For 循环遵循"先检查，后执行"的原则，即先检查〈循环变量〉是否超过〈终值〉，然后决定是否执行循环体。因次，循环的最少执行次数为 0。

 【实例 6.2】

计算实例 6.1 中循环体执行的次数。

【解答】 在实例 6.1 中，循环体为

```
For n = 1 To 100 Step 2         ' 初值为1，终值为100，步长为2
  s = s + n                     ' 进行累加
Next n
```

循环体执行次数= Int((100-1)/2+1)= Int(99/2+1)= Int(49.5+1)= Int(50.5)= 50 次。

3．利用 For 循环实现图形的输出

在实现字符图形输出这类问题时，要考虑 3 个方面内容：一是图形的形状，二是每行的起始位置，三是每行的字符个数。然后进行算法分析，最后通过编程来实现。

【实例 6.3】

用 Print 方法在窗体上输出如图 6-3 所示的图形。

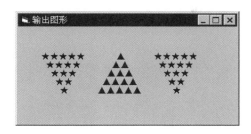

图 6-3　利用 For 循环输出图形

【实现步骤】

分析：本图形共 5 行，可看作 3 个小图形，每行的字符数可以利用 String()函数来输出，例如输出 5 个★，可以用 String(5, "★")实现。输出位置的控制，利用 Tab()和 Spc()来实现。

编写窗体 Form1 的 Load（载入）事件代码：

```
Private Sub Form_Load()
  Print: Print: Print         ' 输出空行
  Show                        ' 使 Print 输出在窗体上可显示
  For i = 1 To 5              ' 共 5 行
    Print Tab(5 + i); String(6 - i, "★"); Spc(6); String(i, "▲"); Spc(6);
String(6 - i, "★")
    Next i
  End Sub
```

运行程序，结果如图 6-3 所示。

4．For 循环的嵌套

For 循环可以嵌套使用，嵌套层数没有具体限制。每个循环必须有一个唯一的变量名作为控制变量。For 循环的嵌套通常有以下 3 种形式：

① 一般嵌套形式。

```
For a1=...
  For a2=...
    For a3=...
      ...
    Next a3
  Next a2
Next a1
```

② 上式中 Next 后面的 a1、a2、a3 可以省略不写。

③ 当内层循环与外层循环有相同的终点时，可共用一个 Next 语句。但是，控制变量名不能省略。例如：

```
For a=1 To 2
  For b=2 To 3
    For c=3 To 4
      Print a , b , c
```

```
Next c , b , a
```

 【实例6.4】

打印出如图 6-4 所示的乘法"九九表"。

【实现步骤】

① 分析:"九九表"是一个 9 行 9 列的二维表,行和列都要变化,而且在变化中相互约束。这是一个二重循环问题。

② 直接在窗体上输出。窗体 Form 的 Load(载入)事件代码:

```
Form1                                        _ □ ×
                        九九表
*       1       2       3       4       5       6       7       8       9
1       1       2       3       4       5       6       7       8       9
2       2       4       6       8       10      12      14      16      18
3       3       6       9       12      15      18      21      24      27
4       4       8       12      16      20      24      28      32      36
5       5       10      15      20      25      30      35      40      45
6       6       12      18      24      30      36      42      48      54
7       7       14      21      28      35      42      49      56      63
8       8       16      24      32      40      48      56      64      72
9       9       18      27      36      45      54      63      72      81
```

图 6-4 打印乘法"九九表"

```
Private Sub Form_Load()
  Show
  FontSize = 12                          ' 设置字号
  Print Tab(25); "九九表"                 ' 输出标题
  Print                                  ' 输出空行
  Print " * ";
  For i = 1 To 9                         ' 输出第一行数字(1~9)
    Print Tab(i * 6); i;                 ' 每列空 5 格,定位输出
  Next i
  Print                                  ' 换行
  For j = 1 To 9                         ' 外层循环
    Print j; " ";
    For k = 1 To 9                       ' 内层循环
      m = j * k                          ' 计算乘积
      Print Tab(k * 6); m; " ";          ' 定位输出
    Next k
    Print                                ' 换行
  Next j
End Sub
```

运行程序,结果如图 6-4 所示。

⚠ 提示

请读者考虑,如果需要输出图 6-5 所示的"九九表",应如何修改程序。

左图 "九九表"：

*	1	2	3	4	5	6	7	8	9
1	1								
2	2	4							
3	3	6	9						
4	4	8	12	16					
5	5	10	15	20	25				
6	6	12	18	24	30	36			
7	7	14	21	28	35	42	49		
8	8	16	24	32	40	48	56	64	
9	9	18	27	36	45	54	63	72	81

右图 "九九表"：

*	1	2	3	4	5	6	7	8	9
1	1	2	3	4	5	6	7	8	9
2		4	6	8	10	12	14	16	18
3			9	12	15	18	21	24	27
4				16	20	24	28	32	36
5					25	30	35	40	45
6						36	42	48	54
7							49	56	63
8								64	72
9									81

图 6-5 "九九表"

任务 6.2 Do 循环

任务导入

For 循环是按固定次数执行循环体。如果事先不知道循环次数，或循环的初值和终值不明了，则需要使用 Do 循环。Do 循环语句有两种语法形式，分别是前测型循环结构和后测型循环结构。

本任务将学习使用 Do 语句进行程序设计的方法。

学习目标

➢ 理解前测型循环结构、后测型循环结构的特点。
➢ 能熟练使用 Do 循环语句进行程序设计。

任务实施

1. 前测型 Do 循环语句

前测型 Do 循环的特点：先判断循环条件，根据条件决定是否执行循环体，执行循环体的最少次数为 0。其语法格式如下：

```
Do [{ While | Until } 〈条件〉]
    [〈语句组 1〉]
    [Exit Do]
    [〈语句组 2〉]
Loop
```

说明：

① 〈条件〉是条件表达式，为循环的条件，其值为 True 或 False。

② 前测型 Do 循环是先判断条件，再执行循环体。根据条件分为当型和直到型：

➢ 当型 Do While...Loop：当条件为 True 时执行循环体，条件为 False 时，终止循环。

➢ 直到型 Do Until...Loop：当条件为 False 时执行循环体，直到条件为 True 时，终止循环。

③ 在 Do 循环中，可以在循环体中放置任意个数的 Exit Do 语句，随时跳出 Do 循环。

注意

Exit Do 通常用于条件判断之后，例如 If...Then，在这种情况下，Exit Do 语句将控制权转移到紧接在 Loop 命令之后的语句。如果 Exit Do 使用在嵌套的 Do 语句中，则 Exit Do 会将控制权转移到 Exit Do 所在位置的外层循环。

【实例 6.5】

设有一张厚为 x mm、面积足够大的纸，将它不断地对折。试问对折多少次后，其厚度可达珠穆朗玛峰的高度（8848 m）。

【实现步骤】

① 分析：设对折后纸的厚度为 h mm，计数器为 n。在没有对折时，纸厚为 x mm，每对折一次，其厚度是上一次的 2 倍，在未到达 8848 m 时，重复进行对折。

② 建立应用程序用户界面与设置对象属性，如图 6-6 所示。

③ 编写程序代码。命令按钮 Command1 的 Click 事件代码如下：

```
Private Sub Command1_Click()
  n = 0                              ' 对折次数初值
  h = Text1.Text                     ' 纸的厚度
  Do While h < 8848000
    n = n + 1                        ' 累计对折次数
    h = 2 * h                        ' 对折
  Loop
  Text2.Text = n
  Text2.Locked = True
End Sub
```

程序运行结果如图 6-6 所示。

图 6-6　求对折次数

【实例 6.6】

已知 $s = 1 \times 2 \times 3 \times \cdots \times n$，计算出 s 不大于 5000 时的最大 n 值。

【实现步骤】

① 分析：本题是利用循环进行累乘运算。设计数器为 n，累乘器 $s = s * n$，其不循环的条件是 $s > 5000$。由于求的是最大 n 值，输出语句应在循环体外。

② 建立用户界面和设置对象属性，如图 6-7 所示。

③ 编写事件代码。

编写"计算"命令按钮 Command1 的 Click（单击）事件代码：

```
Private Sub Command1_Click()
  Dim n As Integer, s As Long
  CurrentY = Label2.Height + 200    ' 确定输出位置
  n = 1                             ' 计数器赋初值1
  s = 1                             ' 累乘器赋初值1
  Do Until s > 5000                 ' 循环条件
   n = n + 1                        ' 计数器累加1
   s = s * n                        ' 累乘
   Print n, s                       ' 通过本行可以看到循环过程
  Loop
  Label1.Caption = "n = " & Str(n - 1)
End Sub
```

运行程序，结果如图 6-7 所示。

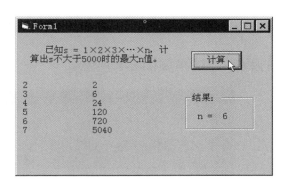

图 6-7　程序界面与运行结果

2. 后测型 Do 循环语句

后测型 Do 循环的执行特点：先执行循环体，然后判断条件，根据条件决定是否继续执行循环，因此执行循环的最少次数为 1。其语法格式如下：

```
Do
    [〈语句组 1〉]
    [Exit Do]
    [〈语句组 2〉]
Loop [{While | Until} 〈条件〉]
```

说明：

① 〈条件〉是条件表达式，为循环的条件，其值为 True 或 False。

② 后测型 Do 循环是先执行一次循环体后，再进行条件判断。分为当型和直到型：

➢ 当型 Do…While Loop：当条件为 True 时继续执行循环体，条件为 False 时，终止循环。

➢ 直到型 Do…Until Loop：当条件为 False 时继续执行循环体，直到条件为 True 时，终止循环。

【实例 6.7】

设华氏温度为 h，摄氏温度为 s，已知将华氏温度转换为摄氏温度的公式为

$$s = \frac{5}{9}(h-32)$$

设计程序，完成华氏温度向摄氏温度的转换。

【实现步骤】本例直接在窗体上载入。窗体 Form1 的 Load（载入）事件代码如下：

```
Private Sub Form_Load()
  Dim h As String, s As Single, ts As String
  Do
    h = InputBox("请输入华氏温度", "华氏温度")   ' 利用输入对话框输入华氏温度
    If h <> "" Then
      s = Int((h - 32) * 5 / 9)                   ' 计算摄氏温度
      MsgBox "摄氏温度为" & Str(s), 0 + 48 + 256, "转换为摄氏温度"
    End If
  Loop While h <> ""                              ' 若输入框中的值不为空，反复计算
End Sub
```

运行程序，结果如图 6-8 所示。

图 6-8　华氏温度转换为摄氏温度

【实例 6.8】

如图 6-9 所示，输入有效数字的位数，利用公式计算圆周率π的近似值。提示：计算圆周率的公式可查阅有关资料。

图 6-9　计算圆周率π

【实现步骤】

① 分析：计算圆周率π近似值的公式为

$$\pi = 2 \cdot \frac{2}{\sqrt{2}} \cdot \frac{2}{\sqrt{2+\sqrt{2}}} \cdot \frac{2}{\sqrt{2+\sqrt{2+\sqrt{2}}}} \cdots$$

在该公式中，首先找出公式中无穷乘积各项的规律。设第 n 项的分母为 p_n，则第 $n+1$ 项的分母为 $p_{n+1} = \sqrt{2+p_n}$。若设前 n 项乘积为 S_n，则前 $n+1$ 项乘积为 $S_{n+1} = 2S_n / p_{n+1}$。

② 建立应用程序用户界面并设置对象属性。

③ 编写程序代码。

编写"计算"命令按钮 Command1 的 Click（单击）事件代码：

```
Private Sub Command1_Click()
  Dim m As Integer
  m = Val(Text1.Text)
  p = 0#: s = 2#: e = 0.1 ^ m
  Do
    t = s : p = Sqr(2 + p) : s = s * 2 / p
  Loop Until Abs(t - s) < 0.1 ^ m
  f = String(m - 1, "#")
  Text2.Text = Format(s, "0." & f)
  Text1.SetFocus
End Sub
```

编写文本框 Text1 的 GotFocus 事件代码如下：

```
Private Sub Text1_GotFocus()
  Text1.SelStart = 0
  Text1.SelLength = Len(Text1.Text)
End Sub
```

运行程序，结果如图 6-9 所示。

任务 6.3 列表框与组合框控件

任务导入

如果需要向用户提供包含一些选项和信息的列表，由用户从中进行选择，可使用列表框和组合框。列表框与组合框在使用中是不相同的。

➤ 列表框：任何时候都能看到多个选项。

➤ 组合框：平时只能看到一个选项，用鼠标单击"向下"按钮可看到多项的列表。

本任务学习列表框与组合框的使用方法。

学习目标

➤ 会使用列表框控件进行界面设计和程序设计。

➤ 会使用组合框控件进行界面设计和程序设计。

任务实施

1. ListBox 控件的作用

列表框（ListBox）通过显示多个选择项，供用户选择其中一项，达到与用户对话的目的。如果有较多的选择项，超出所画的区域而不能一次全部显示时，VB 会自动加上垂直滚动条。

如图 6-10 所示，画出两个列表框，选中某列表框，在属性框中修改其 List 属性值，每输入一个选项后，按 Ctrl+Enter 组合键换行，继续输入下一选项。

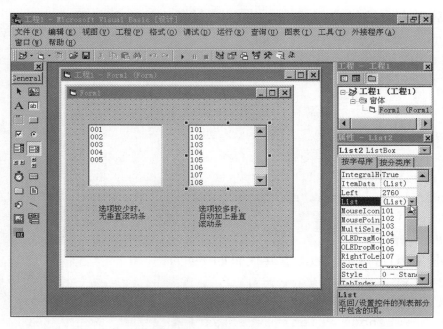

图 6-10   列表框项目的设置

2．ListBox 控件的常用属性

ListBox 控件除了 Name、Enabled、Visible、Index 等基本属性外，还有表 6-1 所列的属性。

表 6-1   ListBox 控件的常用属性

属　　性	说　　明
List	设置或返回列表中选项。该属性是一个字符型数组，存放列表框的项目。List 数组的下标是从 0 开始的，例如 List1.List(1)表示列表框 List1 中第 2 项的值
ListCount	返回列表框中项目的数量。ListCount –1 表示列表中最后一项的序号
ListIndex	返回选中的列表项序号。如果未选中任何项，则 ListIndex 的值为–1
Selected	在程序运行中使用代码来选定列表中的选项，例如，List1.Selected(2) = True 表示选中 List1 中的第 3 项，如为 False 表示未被选中
Sorted	决定列表框中项目在程序运行期间是否按字母顺序排列显示。如果 Sorted 为 True，则项目按字母顺序排列显示；如果 Sorted 为 False，则按项目的加入先后顺序排列显示
Text	设置或返回列表中当前选项的文本内容
MultiSelect	0—None：禁止多项选择，这时在一个列表框中只能选择一项 1—Simple：简单多项选择，用鼠标单击或按空格键表示选定或取消选定的一个选择项 2—Extended：扩展多项选择，按住 Ctrl 键，同时用鼠标单击或按空格键表示选定或取消选定一个选择项，按住 Shift 键，同时单击鼠标或者按住 Shift 键并且移动光标键，就可以从前一个选定的扩展项选择到当前选择项，即选定多个连续项

3．ListBox 控件的常用方法

ListBox 控件中的选择项可以简单地在设计状态通过 List 属性设置，也可以在程序中用 AddItem 方法来添加，用 Clear 或 RemoveItem 方法删除。

ListBox 控件的常用方法如表 6-2 所示。

表 6-2　ListBox 控件的常用方法

方　法	格　式	功　能	说　明
AddItem	对象.AddItem 字符串表达式[，位置]	把一个项目加入列表框	"字符串表达式"是要加入列表框或组合框的项目。"位置"是增加项在列表框或组合框的位置，若省略则添加在最后
Clear	对象. Clear	清除列表框的所有内容	Clear 方法中的对象可以是列表框、组合框或剪贴板
RemoveItem	对象.RemoveItem 位置	从列表框中除去一个项目	位置是被删除项目在列表框或组合框中的位置

4．ListBox 控件使用实例

【实例 6.9】

如图 6-11 所示，在列表框中列出 1 与 100 之间能被 3 整除的数。

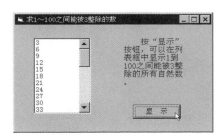

图 6-11　列出 1 与 100 之间能被 3 整除的数

【实现步骤】

① 分析：如果某数 n 能被 3 整除，那么 $n \bmod 3 = 0$。

② 窗体界面的设计与属性设置。

在新建的窗体中增加一个列表框 List1，一个标签 Lable1 和一个命令按钮 Command1，如图 6-12 所示。各对象的属性设置如图 6-11 所示。

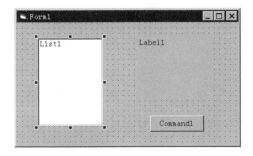

图 6-12　建立用户界面

③ 编写代码。

编写命令按钮 Command1 的 Click 事件代码：

```
Private Sub Command1_Click()
    List1.Clear                               ' 清空列表框的内容
    For n = 1 To 100
        If n Mod 3 = 0 Then List1.AddItem n   ' 如果n能被3整除,则添加到列表框中
    Next n
End Sub
```

运行程序，结果如图 6-11 所示。

5. ListBox 控件中项目的选择和移动

【实例 6.10】

在 Windows 程序中，我们经常看到"选项移动"窗体。所谓"选项移动"窗体是指由两个列表框和 4 个命令按钮所构成的界面，如图 6-13 所示。请利用 ListBox 控件，设计"选项移动"窗体。

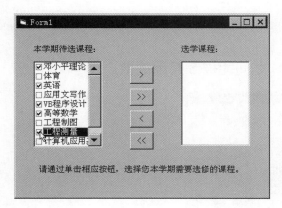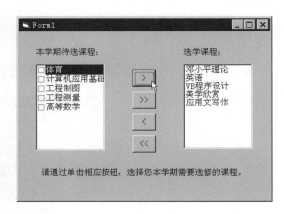

图 6-13 "选项移动"窗体

【实现步骤】

① 建立应用程序用户界面和设置对象属性，如图 6-14 所示。

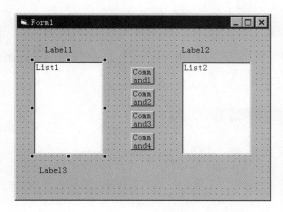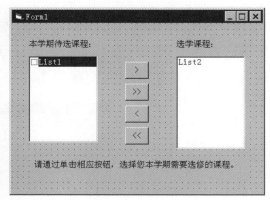

图 6-14 建立用户界面和设置对象属性

其中列表框的属性设置如表 6-3 所示。

表 6-3 属性设置

对 象	属 性	属 性 值	说 明
List1	Style	1—Checkbox	风格
List2	MultiSelect	2—Extended	多项选择

② 编写事件代码。

编写窗体 Form1 的 Load（载入）事件代码：

```
Private Sub Form_Load()
  ' 添加项目
  List1.AddItem "邓小平理论" : List1.AddItem "体育"
  List1.AddItem "英语" : List1.AddItem "应用文写作"
  List1.AddItem "VB 程序设计" : List1.AddItem "高等数学"
  List1.AddItem "工程制图" : List1.AddItem "工程测量"
  List1.AddItem "计算机应用基础" : List1.AddItem "美学欣赏"
End Sub
```

">"（复制）命令按钮 Command1 的 Click 事件代码：

```
Private Sub Command1_Click()
  i = 0
  Do While i < List1.ListCount
    If List1.Selected(i) = True Then        ' 选中预选课程
      List2.AddItem List1.List(i)           ' 追加在 List2 中
      List1.RemoveItem i                    ' 在 List1 中移除
      i = i + 1                             ' 下一序号
    End If
  Loop
End Sub
```

">>"（全部复制）命令按钮 Command2 的 Click 事件代码：

```
Private Sub Command2_Click()
  For i = 0 To List1.ListCount - 1          ' 依次选中 List1 的各项
    List2.AddItem List1.List(i)             ' 在 List2 中追加 List1 的项目
  Next
  List1.Clear                               ' 删除 List1 中的各项
End Sub
```

"<"（移除）命令按钮 Command3 的 Click 事件代码：

```
Private Sub Command3_Click()
  i = 0
  Do While i < List2.List(i)
    If List2.Selected(i) = True Then    ' 选中 List2 中的项目
      List1.AddItem List2.List(i)       ' 在 List1 中追加 List2 中选定的项目
      List2.RemoveItem i                ' 移除 List2 中的项目
      i = i + 1
    End If
  Loop
End Sub
```

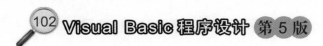

"<<"（全部移除）命令按钮 Command4 的 Click 事件代码：

```
Private Sub Command4_Click()
  For i = 0 To List2.ListCount - 1     ' 依次选定 List2 中的各项
    List1.AddItem List2.List(i)        ' 在 List1 中追加在 List2 中选定的项目
  Next
  List2.Clear                          ' 删除 List2 中的各项
End Sub
```

运行程序，结果如图 6-13 所示。

6．ComboBox 组合框控件的作用

组合框（ComboBox）是组合列表框和文本框的特性而成的控件。它可以像列表框一样，让用户通过鼠标选择所需的项目，也可以像文本框一样，用输入的方式选择项目（下拉式组合框除外），但输入的内容不能自动添加到列表框中。

若用户选中列表框中的某项，该项内容自动装入文本框中。组合框比列表框占用的屏幕空间要小。

7．ComboBox 控件的常用属性

列表框的属性基本上都可用于组合框，此外它还有自己的一些属性：

① Style 属性。它是组合框的一个重要属性，其取值为 0,1,2，它决定了组合框的 3 种不同的类型，即下拉组合框（默认）、简单组合框和下拉列表框，如图 6-15 所示。

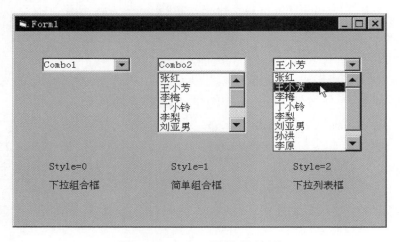

图 6-15　Style 属性的使用

➤ Style 属性为 0—Dropdown Combo（下拉组合框）：显示在屏幕上的仅是文本编辑框和一个下拉箭头。执行时，用户可用键盘直接在文本框区输入内容，也可用鼠标单击右边的下拉箭头，打开列表框供用户选择，选中内容显示在文本框上。这种组合框允许用户输入不属于列表内的选项。当用户再用鼠标单击下拉箭头时，下拉出来的列表项就会消失，仅显示文本框。

➤ Style 属性为 1—Simple Combo（简单组合框）：它列出所有的项目供用户选择，右边没有下拉箭头，列表框不能被收起，与文本编辑框一起显示在屏幕上。可以在文本框中用键盘输入列表框中没有的选项。注意，必须用鼠标拖动后才能显示全部项目。

➤ Style 属性为 2—Dropdown List（下拉列表框）：其功能与下拉组合框类似，区别是不能输入列表框中没有的项。

② Text 属性。该属性是用户所选项目的文本或直接从编辑区输入的文本。

8．ComboBox 控件使用实例

 【实例 6.11】

如图 6-16 所示，利用组合框设计一个"简易抽奖机"。

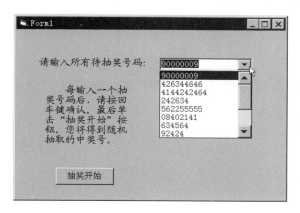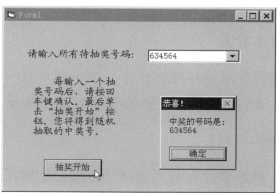

图 6-16　简易抽奖机

【实现步骤】

① 建立应用程序用户界面与设置对象属性。

选择"新建"工程，进入窗体设计器，增加一个组合框 Combo1，两个标签 Label1、Label2 和一个命令按钮 Command1。将 Combo1 的 Style 属性改为 0，其他属性的设置如图 6-16 所示。

② 编写事件代码。

编写组合框 Combo1 的按键 KeyPress 事件代码：

```
Private Sub Combo1_KeyPress(KeyAscii As Integer)
  If KeyAscii = 13 Then                    ' KeyAscii = 13 表示按 Enter 键
    Combo1.AddItem Combo1.Text, 0          ' 组合框接受输入的号码
    Combo1.SelStart = 0
    Combo1.SelLength = Len(Combo1.Text)
  End If
  If KeyAscii = 27 Then                    ' KeyAscii = 27 表示按 Esc 键
    If Combo1.ListIndex <> -1 Then
      Combo1.RemoveItem Combo1.ListIndex   ' 移去选项
    End If
  End If
End Sub
```

编写"抽奖开始"命令按钮 Command1 的 Click 事件代码为：

```
Private Sub Command1_Click()
  Randomize
  n = Combo1.ListCount
```

```
        a = Int(Rnd * n)                           '利用随机数函数求随机序号
        Combo1.ListIndex = a
        MsgBox "中奖的号码是:" & Chr(13) & Combo1.Text, 0, "恭喜!"
    End Sub
```

运行程序，结果如图 6-16 所示。

任务 6.4　常用算法实例

任务导入

在循环结构程序设计中，经常要用到一些典型的算法，如穷举法、递推法、辗转相除法等。本任务将通过实例介绍这些算法的使用方法。

学习目标

➤ 熟练掌握穷举法的设计思想和使用技巧。
➤ 熟练掌握递推法的设计思想和使用技巧。
➤ 熟练掌握辗转相除法的设计思想和使用技巧。

任务实施

1．穷举法

穷举法是指对所有可能的值进行逐一判断，找出其中符合条件要求的解。

 【实例 6.12】

我国古代数学家张丘建在"算经"里曾提出一个世界数学史上有名的百鸡问题："鸡翁一，值钱五；鸡母一，值钱三；鸡雏三，值钱一；百钱买百鸡，问鸡翁、母、雏各几何？"请编写程序，求出结果。

【实现步骤】

① 分析：设公鸡 x 只，母鸡 y 只，小鸡 z 只，依题意可以列出方程组：

$$\begin{cases} x + y + z = 100 \\ 5x + 3y + \dfrac{z}{3} = 100 \end{cases}$$

在这个方程组中，有 2 个方程，但有 3 个未知数，属于不定方程，无法直接求解。这时，我们可以用"穷举法"，将各种可能的组合全部一一测试，输出符合条件的组合。

先设 $x = 1$，$y = 1$，则 $z = 100 - 1 - 1 = 98$，检查这一组的价钱加起来是否是 100 元，经验算，不等于 100 元，所以这一组不合要求。再看下一组，仍保持 $x = 1$，而 $y = 2$，则 $z = 100 - 1 - 2 = 97$，价钱为 $5 \times 1 + 3 \times 2 + 97 / 3 \approx 43$，也不符合要求。保持 $x = 1$，使 y 变到 100……依次测试各组合。

然后设 $x = 2$，y 再由 1 变到 100 …… 直到 $x = 100$，y 再由 1 变到 100。这样就把全部可能的组合一一测试过了。

② 建立应用程序用户界面并设置对象属性，如图 6-17 所示。

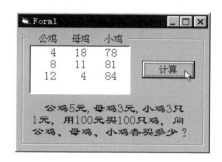

图 6-17 百钱买百鸡

③ 编写程序代码。

编写命令按钮 Command1 的 Click 事件代码：

```
Private Sub Command1_Click( )
  List1.Clear
  For x = 1 To 100
    For y = 1 To 100
      z = 100 - x - y
      If 5 * x + 3 * y + z / 3 = 100 Then
        p = Format(x, "@@@@") & Format(y, "@@@@@") & Format(z, "@@@@@")
        List1.AddItem p
      End If
    Next
  Next
End Sub
```

④ 调试程序。

经过对上述代码的分析可知，实际上并不需要使 x 从 1 变到 100，y 从 1 变到 100。因为公鸡每只 5 元，100 元最多买 20 只公鸡，而如果 100 元全买了 20 只公鸡，就买不了母鸡和小鸡了，不符合"百钱买百鸡"的要求。所以公鸡不可能是 20 只，最多只能买 19 只。同理，母鸡一只 3 元，100 元最多买 33 只。因此，可将代码修改为

```
Private Sub Command1_Click( )
  List1.Clear
  For x = 1 To 19
    For y = 1 To 33
      z = 100 - x - y
      If 5 * x + 3 * y + z / 3 = 100 Then
        p = Format(x, "@@@@") & Format(y, "@@@@@") & Format(z, "@@@@@")
        List1.AddItem p
      End If
    Next
  Next
End Sub
```

运行程序，结果如图 6-17 所示。

【实例 6.13】

有一个长长的楼梯，如果一次上两阶，最后剩一阶；如果一次上 3 阶，最后剩两阶；如果一次上 5 阶，最后剩 4 阶；如果一次上 6 阶，最后剩 5 阶；如果一次上 7 阶，刚好上完。请编写程序，计算该阶楼梯至少有多少台阶。

【实现步骤】

① 分析：设该楼梯有 x 个台阶，那么 x 应满足的条件是 $x \bmod 2 = 1$，$x \bmod 3 = 2$，$x \bmod 5 = 4$，$x \bmod 6 = 5$，$x \bmod 7 = 0$。因此，可知 x 为奇数并且是 7 的倍数。

现在，我们设定循环从 7 开始。如果增加的值是 7，那么初值 7 是奇数，增加的值 7 也是奇数，因"奇数＋奇数=偶数"，而偶数肯定不是该问题的解，所以增加的值每次应至少为 14。所以比较 x 是否满足关系，如果满足，则可找到满足条件的 x。

② 建立用户界面和设置属性，如图 6-18 所示。

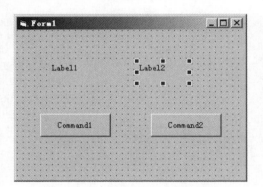 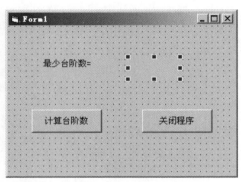

图 6-18　建立用户界面和设置属性

③ 编写事件代码。

编写"计算阶梯数"命令按钮 Command1 的 Click 事件代码：

```
Private Sub Command1_Click()
  Dim x As Integer
  x = 7
  Do
    If x Mod 3 = 2 And x Mod 5 = 4 And x Mod 6 = 5 Then
      Label2.Caption = x
      Exit Do
    Else
      x = x + 14
    End If
  Loop
End Sub
```

编写"关闭程序"命令按钮 Command2 的 Click 事件代码：

```
Private Sub Command2_Click()
  Unload Me
End Sub
```

运行程序，结果如图 6-19 所示。

图 6-19　计算最少台阶数

2．递推法

递推法就是在已知某个结果的前提下，根据已经给出的（或是分析总结出的）递推公式，推出下一个结果的方法。

【实例 6.14】

输出斐波那契（Fibonacci）数列的前 10 项。斐波那契数列是指该数列的前两个数分别是 1、1，从第 3 个数开始每个数是其前两个数据的和。即第 3 个数是 1+1=2，第 4 个数是 1+2=3，第 5 个数是 2+3=5，第 6 个数是 3+5=8，等等。

【实现步骤】

① 分析：用 A、B 分别表示前两个数。由于从第 3 个数开始都是其前两个数的和，所以，如果仍然用 A、B 表示第 3、4 个数，则有

$$A（第 3 个数）=A（第 1 个数）+B（第 2 个数）$$
$$B（第 4 个数）=B（第 2 个数）+A（第 3 个数）$$

因此，可以得到递推公式：

$$A=A+B$$
$$B=B+A$$

② 建立用户界面和设置属性。在窗体上添加一个命令按钮 Command1、一个图片框控件 Picture1，设置属性如图 6-20 所示。

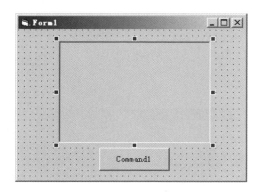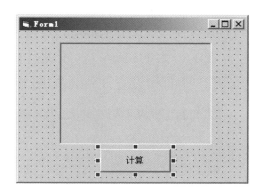

图 6-20　建立用户界面和设置属性

③ 编写事件代码。

编写"计算"命令按钮 Command1 的 Click 事件代码：

```
Private Sub Command1_Click()
  Dim A As Integer, B As Integer, i As Integer
  A = 1: B = 1
  Picture1.Print A
  Picture1.Print B
  For i = 2 To 5
    A = A + B
    B = B + A
    Picture1.Print A
    Picture1.Print B
  Next i
End Sub
```

运行程序，结果如图 6-21 所示。

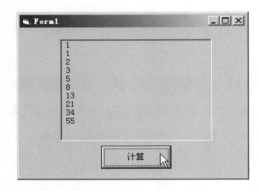

图 6-21　输出斐波那契数列的前 10 项

【实例 6.15】

一只猴子摘了一些桃子。第一天吃了一半，又多吃一个；第二天吃剩下的一半，又多吃了一个；……；到第 5 天时只剩下一个桃子了。请编写程序，计算猴子第一天共摘了多少个桃子？

【实现步骤】

① 分析：本例与上例正好相反，现在知道第 5 天有一个桃子，求第一天有多少个桃子。因此，如果用 T_i 表示第 i 天的桃子数，则有公式 $T_5=1=T_4/2-1$，即 $T_4=2\times(T_5+1)$。推而广之，$T_n=2\times(T_{n+1}+1)$，其中 $n=1,2,3,4$。

假设有 x 表示每天的桃子数，用循环控制执行 4 次 $x=2(x+1)$ 即可。

② 建立用户界面和设置属性，如图 6-22 所示。

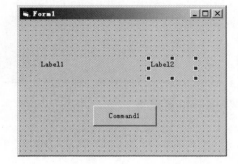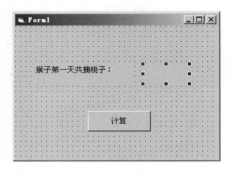

图 6-22　建立用户界面和设置属性

③ 编写事件代码。

编写"计算"命令按钮 Command1 的 Click 事件代码：

```
Private Sub Command1_Click()
  Dim x As Integer, i As Integer
  x = 1
  For i = 1 To 4
    x = 2 * (x + 1)
  Next i
  Label2.Caption = x & "只"
End Sub
```

运行程序，结果如图 6-23 所示。

图 6-23　猴子摘桃

3. 辗转相除法

【实例 6.16】

输入两个正整数，求它们的最大公约数。

【实现步骤】

① 分析：求最大公约数可以用"辗转相除法"，方法如下：

➤ 以大数 m 做被除数，小数 n 做除数，相除后余数为 r。

➤ 若 $r\neq0$，则 $m\leftarrow n$，$n\leftarrow r$，继续相除得到新的 r。若仍有 $r\neq0$，则重复此过程，直到 $r=0$ 为止。

➤ 最后的 n 就是最大公约数。

② 建立应用程序用户界面并设置对象属性，如图 6-24（左）所示。

③ 编写程序代码。

编写"计算"命令按钮 Command1 的 Click 事件代码：

```
Private Sub Command1_Click()
  Dim m As Integer, n As Integer
  m = Val(Text1.Text)
  n = Val(Text2.Text)
  If m < n Then
    t = m: m = n: n = t              ' 交换数据，使大数在前，小数在后
  End If
```

```
      Do                                    ' 求最大公约数
        If n <= 0 Or m <= 0 Then           ' 检验数据范围
          MsgBox "请重新输入数据！"
          Exit Do
        End If
        r = m Mod n
        m = n
        n = r
      Loop While r <> 0                     ' 当 r<>0 时辗转相除
      Label3.Caption = m                    ' 输出结果
    End Sub
```

运行程序，结果如图 6-24（右）所示。

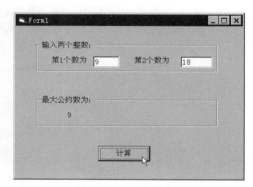

图 6-24 求两整数的最大公约数

巩固与提高6

一、选择题

1. 下列程序段的执行结果为（   ）。

```
a=5
For k=1 To 0
  a=a + k
Next k
Print k;a
```

   A. -1 6   B. -1 16   C. 1 5   D. 11 21

2. 下列程序段的执行结果为（   ）。

```
a=6 : b=1
For I=1 To 3
  f=a+b
  a=b
  b=f
  Print f;
Next I
```

   A. 2 3 6   B. 2 3 5   C. 2 3 4   D. 2 2 8

3. 阅读下面的程序段：

```
For a=1 To 2
  For b=1 To a
    For c=b To 2
      I=I+1
    Next
  Next
Next
Print I
```

执行上面的三重循环后，I 的值为（　　　）。

　　A．4　　　　　　B．5　　　　　　C．6　　　　　　D．9

4. 下面程序段的运行结果是（　　　）。

```
a=1 : b=1
Do
  a=a+1
  b=b+1
Loop Until b>5
Print" k=";a;Spc(4);"b=";b+a
```

　　A．k=7 b=14　　B．k=6 b=6　　　C．k=4 b=8　　　D．k=6 b=12

5. 设有下面的循环：

```
i=1
Do
  i=i+3
  Print i
Loop Until  i> ____
```

程序运行后要执行 3 次循环体，则条件中 i 的最小值为（　　　）。

　　A．6　　　　　　B．7　　　　　　C．8　　　　　　D．9

6. 下列程序段的执行结果为（　　　）。

```
I=9 :  x=5
Do
  I=I+1
  x=x+2
Loop Until I >=7
Print "I="; I; "x="; x
```

　　A．I=4 x=5　　　B．I=7 x=15　　　C．I=6 x=8　　　D．I=10 x=7

7. 执行下列程序段后，输出的结果是（　　　）。

```
For k1=0 To 4
  y=20
  For k2=0 To 3
    y=10
    For k3=0 To 2
      y=y + 10
    Next k3
  Next k2
```

```
 Next k1
 Print y
```

A. 90   B. 60   C. 40   D. 10

8. 新建一个列表框，要实现对列表项可以复选，应设置的属性是（   ）。

A. ScrollBars   B. MultiSelect   C. DataField   D. Stretch

9. 在 Visual Basic 中，组合框是文本框和（   ）特性的组合。

A. 复选框   B. 标签   C. 列表框   D. 目录列表框

10. 下列语句中，返回列表框 List1 中项目个数的语句是（   ）。

A. x=List1.ListCount   B. x=ListCount

C. x=List1.ListIndex   D. x=ListIndex

二、填空题

1. 执行下面的程序段，x 的值为_____。

```
For i=1 To 9
  a=a + i
Next i
x=Val(i)
MsgBox x
```

2. 以下程序的功能是从键盘输入若干个学生的考试成绩，统计并输出最高分和最低分，当输入负数时结束输入，输出结果。请补充程序。

```
Dim x,amax,amin As Single
x=InputBox("Enter a score")
amax=x
amin=x
Do While _____
  If x>amax Then
    amax=x
  End If
  If _____Then
    amin=x
  End If
  x=InputBox("enter a score")
Loop
Print "max="; amax, "min="; amin
```

3. 下面程序打印"九九"乘法表，请补充完整。

```
Dim i As Integer, j As Integer, Str1$
Str ="  "
For i=1 To 9
  For j=1 To 9
    If _____ Then
      Str1=Str1+Str$(j) +"×"+Str$(i)+ "="+Str$(Val(i * j))
    Else
      Str1=Str1 & Chr(13)
      _____
```

```
        End If
     Next j
  Next i
  Print Str1
```

4. 在窗体上画一个命令按钮，然后编写如下程序：

```
Function fun(By Val num As Long)As Long
   Dim k As Long
   k=1
   num=Abs(num)
   Do While num
     k=k*(num Mod 10)
     num=num \ 10
   Loop
   fun=k
End Function
Private Sub Command1_Click()
   Dim n As Long , r As Long
   n=InputBox("请输入一个数")
   n=CLng(n)  :  r=fun(n)
   Print r
End Sub
```

程序运行后，单击命令按钮，在输入对话框中输入"345"，输出结果为____。

5. 在窗体上画一个命令按钮，然后编写如下事件过程：

```
Private Sub Command1_Click()
   For i=1 To 4
     x=4
     For j=1 To 3
       x=3
       For k=1 To 2
         x=x+6
       Next k
     Next j
   Next i
   Prim x
End Sub
```

程序运行后，单击命令按钮，输出结果是____。

6. 以下程序的功能是从键盘上输入若干数字，当输入负数时结束输入，统计出若干数字的平均值，输出结果。请填空。

```
Private Sub Form_click()
   Dim x , y As Single , z As Integer
   X=InputBox("Enter a score")
   Do while ____
     y=y+x
     z=z+1
```

```
      x=InputBox("Enter a score")
    Loop
    If z=0 Then
      z=1
    End If
    y= _____
    Print y
End Sub
```

三、编程题

1. 输入初始值，输出 100 个不能被 3 整除的数。

2. 设计程序，求 $s = 1 + (1 + 2) + (1 + 2 + 3) + \cdots + (1 + 2 + 3 + \cdots + n)$ 的值。

3. 所谓"水仙花数"，是指一个 3 位数，其个位数的立方和等于该数，如 $153 = 1^3 + 5^3 + 3^3$，编写程序输出所有的"水仙花数"。

4. 马克思曾经做过这样一道趣味数学题：有 30 个人在一家小饭馆里用餐，其中有男人、女人和小孩。每个男人花了 3 先令，每个女人花了 2 先令，每个小孩花了 1 先令，一共花去 50 先令。问男人、女人和小孩各有几人。请编程实现。

5. 用 1, 2, 3, 4 这 4 个数字组成 4 位数。编写程序，打印出所有可能的 4 位数（4 个数字可以相同），并统计出所组成的 4 位数的个数。

6. 利用列表框，编写能对本学期选修课程进行课程添加、修改和删除的应用程序。

7. 编写小学加减法算术练习程序。计算机随机给出 2 位数的加减法算术题，要求学生回答，答对的打"√"，答错的打"×"。将做过的题目存放在列表框中备查，并随时给出答题的正确率。

数　组

在现实生活中存在着各种各样的数据，有些数据之间没有太多的内在联系，用简单变量就可以进行存取和处理，例如前面单元中用到的变量都属于这类情况。但在实际工作中，我们常常要处理大批有规律的数据，例如学生成绩的统计、人口普查的数据处理、体育比赛的成绩等。这时，如果使用简单变量处理，不仅很不方便，而且有时甚至无法实现。为此 VB 引入了功能更强的数据结构——数组。

本单元将通过若干教学任务，介绍数组的程序设计方法。主要内容包括：

➢ 数组和数组元素的概念。

➢ 静态数组的程序设计方法。

➢ 动态数组的程序设计方法。

➢ 控件数组的程序设计。

➢ 常用算法实例。

任务 7.1　数组基础知识

🔘 任务导入

数组是各种高级语言中使用广泛的程序设计方法，在讲解其应用之前，首先介绍一些有关数组和数组元素的基本概念。

🔘 学习目标

➢ 理解数组、数组维数、数组元素等概念。

➢ 掌握数组名的命名方法。

➢ 了解数组的数据类型，了解数组中各数组元素的类型。

➢ 了解数组的分类，了解静态数组和动态数组的区别。

🔘 任务实施

1. 什么是数组

在程序设计中，将一组排列有序、个数有限的数据作为一个整体，用一个统一的名字来表示，这些有序数据的全体称为数组。

假如有 5 个学生的成绩，这一组成绩可以用一个名字 cj 来表示，其中第 1 个学生的成绩为 80，第 2 个学生的成绩为 70，第 3 个学生的成绩为 90，第 4 个学生的成绩为 85，第

5 个学生的成绩为 95。这一组有排列顺序的数 80,70,90,85,95，就是一个数组。

在 VB 中，为了确定各数据与数组中每一元素的一一对应关系，必须给数组中的这些数编号，即顺序号（用下标来指出顺序号，数组也称下标变量）。因此，数组是用一个名字代表顺序排列的一组数。

数组由数组名和圆括号组成，圆括号里括起来的是顺序号：

cj   (5)
↑   ↑
数组名   顺序号

例如，在成绩数组 cj 中：

第 1 个学生的成绩用 cj(1)来表示，其值为 80；

第 2 个学生的成绩用 cj(2)来表示，其值为 70；

第 3 个学生的成绩用 cj(3)来表示，其值为 90；

第 4 个学生的成绩用 cj(4)来表示，其值为 85；

第 5 个学生的成绩用 cj(5)来表示，其值为 95。

2．数组名的命名规则

数组名的命名规则与简单变量的命名规则一样，即由 1～40 个字符组成，组成的字符可以是字母、数字或小数点，并且必须以字母开头，当有类型声明符时，必须放在尾部，如 a，x，xscj%等。

3．什么是数组的维数

数组中下标的个数称为数组的维数。

➢ 一维数组：数组中的所有元素，能按行、列顺序排成一行，即用一个下标便可以确定它们各自所处的位置。

➢ 二维数组：数组中的所有元素，能按行、列顺序排成一个矩阵，即必须用两个下标才能确定它们各自所处的位置。

➢ 三维数组：由三个下标才能确定所处位置。

以此类推，有多少个下标的数组，就构成多少维的数组，如四维数组、五维数组等。通常又把二维以上的数组称为多维数组。

例如：

a(10)   为一维数组

x(2，3)   为二维数组

b(4，5，6)   为三维数组

4．什么是数组元素

在同一数组中，构成该数组的元素称为数组元素。组成数组的各个元素一般为变量，由于这些变量共用一个变量名，即所在的数组名，因此，必须通过下标才能相互区别，故

数组元素也称为下标变量。

在 VB 中，引用数组中的某一元素，要指出数组名和用括号括起来的数组元素在数组中的位置（顺序号）的下标。即下标变量的标识为

〈数组名〉(〈下标表〉)

其中，〈下标表〉是指一个或者几个下标（代表一维或几维），各下标之间应该用逗号分隔。例如：

a(5)	代表数组 a 中顺序号为 5 的那个元素。
x(12)	代表数组 x 中顺序号为 12 的那个元素。
c(2 , 3)	代表数组 c 中第 2 排第 3 列的那个元素。

5. 数组的类型

VB 中，数据有多种数据类型，相应的数组也有多种类型。可以声明任何基本数据类型的数组，包括用户自定义类型和对象变量，但是一个数组中的所有元素应该具有相同的数据类型。

 注意

当数组类型为 Variant（变体型）时，各个元素能够包含不同类型的数据（字符串、数值等）。

6. 数组的分类

在 VB 中，根据数组元素的个数能否变化，数组分为静态数组和动态数组。

➢ 静态数组：数组元素的个数固定不变。
➢ 动态数组：数组元素的个数在运行时可以改变。

 任务 7.2 静态数组

➠ 任务导入

静态数组是在声明时就已经确定了数组元素个数的数组。静态数组是最常用的数组。本任务学习静态数组的程序设计方法。

➠ 学习目标

➢ 会声明静态数组。
➢ 会对数组元素进行输入、输出、复制、初始化等。
➢ 会使用静态数组编写程序。
➢ 会使用 For Each...Next 语句对数组中的元素进行处理。

● 任务实施

1. 声明静态数组的语法格式

声明静态数组的语法格式如下：

```
Dim 数组名(〈维数定义〉) [ As 〈类型〉]
```

说明：

〈维数定义〉指定数组的维数以及各维的范围：

```
[〈下标下界1〉To ]〈下标上界1〉[ , [〈下标下界2〉To ]〈下标上界2〉] ...
```

例如：

```
Dim a( 2 To 4 ) As Integer        ' 3 个元素，下标范围为 2 到 4
```

下标的上、下界不得超过 Long（长整型）数据类型的范围。

二维数组的声明，例如：

```
Dim a( 1 To 3 , 1 To 4 ) As Double
```

可以将所有这些推广到二维以上的数组，例如：

```
Dim b( 2 , 1 To 2 , 1 To 4 )
```

如果不指定〈下标下界〉，则数组的下界由 Option Base 语句控制。语法格式如下：

```
Option Base 〈n〉
```

其中，n 只能为 0 或 1。

① 如果没有使用 Option Base 语句，则默认的下界为 0，例如：

```
Dim a(3) As Integer        ' 4 个元素，下标范围为 0 到 3
Dim b(2, 3) As Double      ' 12 个元素，3×4=12
```

② 如果使用 Option Base 1 语句，例如：

```
Option Base 1              ' 默认下界为 1
Dim a(3) As Integer        ' 3 个元素
Dim b(2, 3) As Double      ' 6 个元素
Dim b( 2 , 3 , 2 To 4 )    ' 18 个元素，2 × 3 × 3=18
```

2. 一维静态数组的程序设计

建立（声明）一个数组后，就可以使用数组。使用数组就是对数组元素进行各种操作，如赋值、表达式运算、输入或输出等。

对数组元素的操作与简单变量基本一样，但在引用数组元素时要注意下面两点。

① 数组声明语句不仅定义数组、为数组分配存储空间，而且能对数组进行初始化，使得数值型数组的元素值初始化为 0，字符型数组的元素值初始化为空等。

② 引用数组元素的方法是在数组名后的括号中指定下标，如：

$$t = a(2) : s = b(3,4)$$

其中 a(2)表示数组 a 中索引值为 2 的元素，b(3,4)表示二维数组 b 中行下标为 3、列下标为 4 的元素。

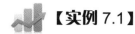

【实例 7.1】

假设某小组有 10 个学生，现在数学课教师要计算这 10 个学生的总分、平均分。请编写程序来帮助教师进行计算。

【实现步骤】

① 建立应用程序用户界面。

首先从"文件"菜单中选择"新建工程"，在打开的"新建工程"对话框中双击"标准 EXE"，新建一个标准工程。

在窗体设计器中加入两个标签 Label1、Label2 和一个 Command1，调整它们的位置及大小，如图 7-1 所示。

② 设置对象属性。

分别设置 Label1、Label2 和 Command1 的 Caption 属性为"总分："平均分："统计 &C"，并适当设置字体大小。

③ 编写事件过程代码。

考虑到要在不同的过程中使用数组，所以首先在模块的通用段声明数组。从"视图"菜单中选择"代码窗口"，在"代码窗口"中的对象下拉列表框中选"（通用）"，在事件程序下拉列表框中选"（声明）"，如图 7-2 所示，输入下面的代码：

```
Option Base 1
Dim a(1 To 10) As Single
```

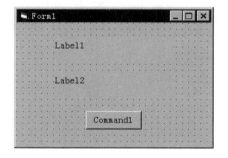

图 7-1　建立用户界面

图 7-2　在"代码窗口"中输入代码

编写"统计"按钮 Command1 的单击 Click 事件代码：

```
Private Sub Command1_Click()
  Dim i As Integer, total As Single, average As Single
  For i = 1 To 10
    a(i) = Val(InputBox("请输入第" & Str(i) & "个学生的成绩", "输入成绩"))
    total = total + a(i)
  Next i
  average = total / 10
  Label1.Caption = Label1.Caption + Format(total)
  Label2.Caption = Label2.Caption + Format(average)
End Sub
```

运行程序，单击"统计"按钮，依次输入 10 个学生的成绩，如图 7-3（左）所示，计算结果如图 7-3（右）所示。

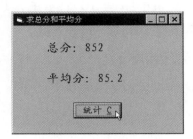

图 7-3　依次输入学生成绩和统计结果

3．二维静态数组的程序设计

【实例 7.2】

如图 7-4 所示，对两个相同阶数的矩阵进行加法运算。提示：两个相同阶数的矩阵 *A* 和 *B* 相加，是将相应位置上的元素相加后放到同阶矩阵 *C* 的相应位置。

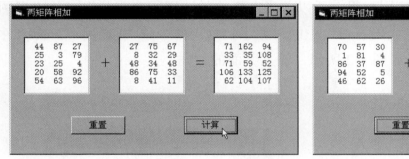
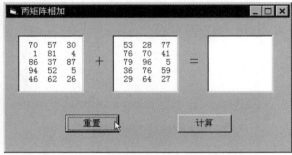

图 7-4　两矩阵相加运行结果

【实现步骤】

① 分析。

首先定义 3 个二维数组 $a(n,m)$、$b(n,m)$、$c(n,m)$，利用双重循环和随机函数产生 $a(n,m)$ 和 $b(n,m)$ 中各元素的值。然后通过双重循环得到 $c(n,m)$。

② 设计程序界面和设置对象属性。

选择"新建"工程，进入窗体设计器，在窗体中增加 3 个图片框 Picture1～Picture3，2 个标签 Label1、Label2 和 2 个命令按钮 Command1、Command2。设置对象属性，如图 7-5 所示。

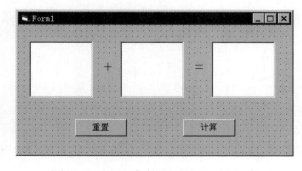

图 7-5　设计窗体界面与运行程序

③ 编写代码。

在"通用"段声明数组：

```
Dim a(5, 3) As Integer, b(5, 3) As Integer
```

编写"重置"按钮 Command1 的 Click 事件代码：

```
Private Sub Command1_Click()
  For n = 1 To 5                                    ' 控制矩阵行数
    For m = 1 To 3                                  ' 控制矩阵列数
      x = Int(Rnd * 100): a(n, m) = Val(x)          ' 产生随机数
      x = Int(Rnd * 100): b(n, m) = Val(x)          ' 产生随机数
    Next
  Next
  Picture1.Cls: Picture2.Cls: Picture3.Cls          ' 清空图片框
  Picture1.CurrentY = 80: Picture2.CurrentY = 80    ' 控制输出位置
  For n = 1 To 5
    For m = 1 To 3
      Picture1.Print Format(a(n, m), "@@@@");        ' 输出产生的随机数
      Picture2.Print Format(b(n, m), "@@@@");        ' 输出产生的随机数
    Next
    Picture1.Print: Picture2.Print                   ' 换行
  Next
End Sub
```

"计算"按钮 Command2 的 Click 事件代码为：

```
Private Sub Command2_Click()
  Dim c(5, 3) As Integer
  For i = 1 To 5
    For j = 1 To 3
      c(i, j) = a(i, j) + b(i, j)                   ' 求两矩阵相加的各项值
    Next
  Next
  Picture3.Cls                                       ' 清空
  Picture3.CurrentY = 80                             ' 确定输出位置
  For n = 1 To 5
    For m = 1 To 3
      Picture3.Print Format(c(n, m), "@@@@");         ' 输出结果数据
    Next
    Picture3.Print                                    ' 换行
  Next
End Sub
```

运行程序，单击"重置"按钮产生原始数据，单击"计算"按钮得到相加结果。如果再次单击"重置"按钮，则重新产生数据。

4. 数组中的循环语句 For Each…Next

与 For…Next 循环类似，For Each…Next 语句也是用来执行指定重复次数的循环语句。但是，For Each…Next 语句专门用于数组或对象集合中的每个元素。

For Each…Next 语句的语法格式如下：

```
For Each〈成员〉In〈数组〉
   [〈语句组〉]
   [Exit For]
Next [〈成员〉]
```

其中，〈成员〉是一个 Variant（变体型）变量，代表数组中的每个元素。〈数组〉是一个数组名，没有括号和上下界。

用 For Each…Next 语句可以对数组元素进行处理，包括查询、显示或读取。它所重复执行的次数由数组中元素的个数确定，也就是说，数组中有多少个元素，就自动重复执行多少次。例如：

```
Dim a(1 To 8)
For Each x In a
   Print x;
Next x
```

上面程序中的 Print 语句重复 8 次（因为数组 a 有 8 个元素），每次输出数组的一个元素的值。这里的 x 类似于 For…Next 循环中的循环控制变量，但不需要为其提供初值和终值，而是根据数组元素的个数确定执行循环体的次数。此外，x 的值处于不断的变化之中，开始执行时，x 是数组第一个元素的值，执行完一次循环体后，x 变为数组第二个元素的值……当 x 为最后一个元素的值时，执行最后一次循环。

 注意

在数组操作中，For Each…Next 语句比 For…Next 语句更方便，因为它不需要指明循环的条件。

 【实例 7.3】

使用数组中的循环语句 For Each…Next，求 1+2+3+…+100 的值。

【实现步骤】

① 建立用户界面和设置对象属性，如图 7-6 所示。

图 7-6　建立用户界面和设置对象属性

② 编写事件代码。

编写"计算"命令按钮 Command1 的 Click（单击）事件代码：

```
Private Sub Command1_Click()
   Dim x(100), a                        '声明数组和变量
```

```
    For i = 1 To 100                    '为数组元素赋值
      x(i) = i
    Next i
    For Each a In x()                   '求和
      s = s + a
    Next
    Label1.Caption = s                  '输出结果
  End Sub
```

运行程序，结果如图 7-6 所示。

 任务 7.3 动态数组

任务导入

在数组的使用中，有时在程序设计阶段并不知道数组所需大小，而无法声明正确的数组大小，或在某个过程中需要一个特别大的数组，如果在程序一开始，就声明一个大数组，则主存长期被占用，会降低系统效率。遇到这些情况，都可以使用动态数组，因为前者可以一边输入数据一边随着数据量的增加而重新声明数组的大小，而后者可在需要使用特别大数组的过程中重新声明数组大小，离开过程前取消该数组。

本任务将学习动态数组的程序设计方法。

学习目标

➢ 掌握声明动态数组的语法格式。

➢ 会保留原数组中的数据。

➢ 会使用动态数组编写程序。

任务实施

1. 声明动态数组的语法格式

创建动态数组的方法：

① 声明一个未指明大小及维数的数组。语法格式为

```
Public | Private | Dim | Static 数组名() As 类型
```

② 用 **ReDim** 语句分配实际的元素个数。语法格式为

```
ReDim [ Preserve ] 数组名(〈维数定义〉) [ As 〈类型〉]
```

例如，第一次声明在模块级所建立的动态数组 a：

```
Dim a() As Integer
```

然后，在过程中给数组分配空间：

```
Private Sub Form_Activate()
...
  ReDim a(9, 19)
End Sub
```

这里的 ReDim 语句给 a 分配一个 10×20 的整数矩阵（元素总数为 200）。

说明：

① ReDim 语句只能出现在过程中。与 Dim 语句、Static 语句不同，ReDim 语句是一个可执行语句，由于这一语句，应用程序在运行时执行一个操作。

② 每次运行程序，ReDim 会清除数组内容，当前存储在数组中的值将全部丢失。VB 重新将数组元素的值置为 0（对数值型数组）、置为零长度字符串（对字符型数组）、置为 Empty（对变体型数组）。此时可以用 Preserve 关键字保留原先的数据。

③ 声明动态数组的时候并不指定数组的维数，数组的维数由第一次出现的 ReDim 语句指定。

2．保留动态数组中原数据的方法

在定义动态数组的过程中，当使用 ReDim 语句时，将清除数组中的原有数据。但是，有时需要改变数组大小而又不丢失数组中的数据，这时就可以使用具有 Preserve 关键字的 ReDim 语句。

例如，使用具有 Preserve 关键字的 ReDim 语句的方法来增加数组大小，又不丢失原数据：

```
ReDim a(2,4)
...
ReDim Preserve a(2,6)
```

则原数组数据均可保留，且增加 a（1,5）、a（1,6）、a（2,5）、a（2,6）4 个位置，但却不能声明 ReDim Preserve a(3,4)。

如果声明 ReDim a(3,4)，将会清除原数组内容。

 注意

使用 Preserve 关键字，只能改变多维数组中最后一维的上界，而不能改变维数的数目。例如，如果数组就是一维的，则可以重定义该维的大小，因为它是末维，也是仅有的一维；不过，如果数组是二维或多维时，则只有改变其末维才能同时保留数组中的内容。如果改变了其他维或最后一维的下界，运行时就会出错。

3．动态数组的程序设计

【实例 7.4】

在窗体上根据需要输出杨辉三角形。提示：杨辉三角形每行的第一列和最后一列均为 1，其余各项的值都是其上一行中前一列元素与后一列元素之和，如图 7-7 所示。

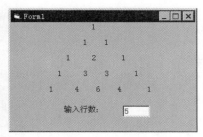

图 7-7 杨辉三角形

【实现步骤】

① 分析：杨辉三角形中的各行是二项式 $(a+b)^n$ 展开式中各项的系数。从如图 7-7 所示的排列格式可以看出，上一行同一列没有元素时则认为是 0。由此可得算法：

$$A(i, j) = A(i-1, j-1) + A(i-1, j)$$

② 建立用户界面与设置对象属性。

在窗体上建立一个 Label1 控件和一个 Text1 控件，并修改相关属性。

③ 编写事件代码。

在模块的通用段声明数组一个动态数组：

```
Dim a( )
```

为了能输入行数并按 Enter 键后可以得到各项，编写文本框 Text1 的 KeyPress（按键）事件代码：

```
Private Sub Text1_KeyPress(KeyAscii As Integer)
  Dim n As Integer
  If KeyAscii = 13 Then                  ' 按 Enter 键时执行
    n = Val(Text1.Text)                  ' 在文本框中输入的行数
    If n > 10 Then                       ' 设定不超过 10 行
      MsgBox "请不要超过 10!"            ' 消息框
      Exit Sub                           ' 退出过程
    End If
    ReDim a(n, n)                        ' 分配动态数组实际的元素个数
    For i = 1 To n
      a(i, 1) = 1: a(i, i) = 1           ' 使得每行两边的元素值为 1
    Next
    Print Tab(20); Format(1, "!@@@") & Chr(13)
    Print Tab(18); Format(1, "!@@@") & Space(2) & Format(1, "!@@@") &
      Chr(13)
    For i = 3 To n
      Print Tab(20 - i * 2); Format(a(i, 1), "!@@@@") & Space(2);
      For j = 2 To i - 1
        a(i, j) = a(i - 1, j - 1) + a(i - 1, j)
        Print Format(a(i, j), "!@@@@@");
      Next
      Print Space(2) & Format(a(i, i), "!@@@@") & Chr(13)
    Next
  End If
End Sub
```

运行程序，在文本框中输入行数 4 或 5，按 Enter 键后，显示出杨辉三角形。

任务 7.4　控件数组

🔁 任务导入

许多同样的数据类型，保存在一个变量里称为数组；同理，许多相同的控件集合在一起，就是控件数组。使用控件数组可以方便地对界面上相同的控件进行统一编程，简

化代码。

本任务将学习控件数组的概念和使用方法。

➡ 学习目标

➢ 理解控件数组的概念，掌握控件数组的特点。

➢ 会建立控件数组。

➢ 会使用控件数组编程。

➡ 任务实施

1. 控件数组的概念

控件数组是一组相同类型的控件组成。其特点如下：

① 具有相同的控件名（控件数组名），并以下标索引号（Index，相当于一般数组中的下标）来识别各个控件。每个控件称为该控件数组中的一个元素，表示为"控件数组名（索引号）"。控件数组至少应有一个元素，最多可达 32767 个元素。第一个控件的索引号默认为 0，也可以是一个非 0 的整数，VB 允许控件数组中控件的索引号不连续。例如，Label1(0)，Label1(1)，Label1(2)，…，Label1(10)，就是一个 Label 控件数组。但要注意，Label1，Label2，Label3……不是控件数组。

② 控件数组中的控件具有相同的一般属性。

③ 控件数组中的所有控件共用相同的事件过程。控件数组的事件过程会返回一个索引号，以确定当前发生该事件的是哪个控件。

2. 建立控件数组的 3 种方法

可以使用下述 3 种方法建立控件数组：

① 为控件起相同的名字。

② 复制现有控件。

③ 设置控件的 Index 属性为非 Null 数值。

3. 通过为控件起相同的名字建立控件数组

可以改变已有控件的名字，将一组控件建立为控件数组，具体步骤如下：

① 画出控件数组中要添加的控件（必须为同一类型的控件），并且决定哪一个控件作为数组中的第一个元素。

② 选定控件，将其 Name 属性设置成数组名称。

③ 在为数组中的其他控件输入相同名称时，VB 将显示一个对话框，要求确认是否要创建控件数组。此时单击"是"按钮，确认操作。

例如，若控件数组第一个元素名为 Command1，则选择另一个 CommandButton 将其添加到数组中，并将其名称也设置为 Command1，此时将显示这样一段信息："已经有一个控件为'Command1'。创建一个控件数组吗？"。单击"是"按钮，确认操作，如图 7-8 所示。

用这种方法添加的控件仅仅共享 Name 属性和控件类型，其他属性与最初画出控件时的值相同。

4．通过复制现有控件建立控件数组

用复制、粘贴的方法建立控件数组，具体步骤如下：

① 画出控件数组中的第一个控件。

图 7-8　确认创建控件数组

② 当控件获得焦点时，单击"复制"按钮 。

③ 单击"粘贴"按钮 。VB 将显示一个对话框询问是否确认创建控件数组。单击"是"按钮，确认操作（图 7-8），将得到控件数组中的第二个控件。

④ 继续单击"粘贴"按钮 ，可得到控件数组中的其他控件。

每个新数组元素的索引值与其添加到控件数组中的次序相同，如图 7-9 中第二次粘贴的 Option1，其 Index 的值为 2。并且添加控件时，大多数可视属性，例如高度、宽度和颜色，将从数组中第一个控件复制到新控件中。

图 7-9　新数组元素的索引值与其添加到控件数组中的次序一样

5．通过指定控件的索引值建立控件数组

可以直接指定控件数组的索引值，来建立控件数组。其具体步骤如下：

① 绘制控件数组中的第一个控件。

② 将其 Index 属性索引值改为 0。

③ 复制控件数组中的其他控件。

这时，将不会出现对话框询问是否确认创建控件数组。

6．控件数组的程序设计

【实例 7.5】

如图 7-10 所示，用户输入两个数，可以根据选择的不同运算符来计算出相应的结果。

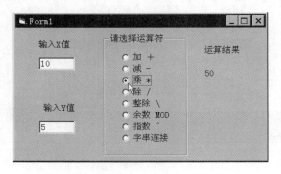

图 7-10　根据运算符进行计算

【实现步骤】

① 分析：需要进行的有加、减、乘、除、整除、余数、指数和字符串连接 8 种运算。程序需要根据运算方式，显示计算结果。

② 建立应用程序用户界面与设置对象属性。

利用 Label 控件，在窗体上拖曳出 4 个标签对象 Label1～Label4；利用 TextBox 控件，拖曳出 Text1 和 Text2 文本框对象；利用 Frame 控件，拖曳出 Frame1 框对象。

利用 OptionButton 控件，拖曳出置于 Frame1 中的 Option1 单选钮，单击"复制"按钮，将 Option1 单选钮的对象复制到剪贴板中，再选中 Frame1 对象，单击"粘贴"按钮，单击"是"按钮，表示将产生一个属于单选钮类别的控件数组，将 Frame1 对象内左上角新产生的 Option1 对象拖曳到 Frame1 框内已有项目的下方，如此重复粘贴，直到产生 8 个 Option1 对象，如图 7-11 所示，并依次改变标题名。

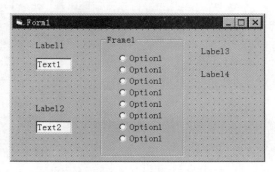

图 7-11　建立用户界面

③ 编写程序代码。

编写单选钮 Option1 的 Click 事件代码：

```
Private Sub Option1_Click(Index As Integer)
  Dim x As Single, y As Single
  x = Val(Text1.Text)
  y = Val(Text2.Text)
  Select Case Index                 ' Index 值从 0 开始
    Case 0                          ' 加
      Label4.Caption = x + y
    Case 1                          ' 减
      Label4.Caption = x - y
    Case 2                          ' 乘
      Label4.Caption = x * y
    Case 3                          ' 除
      Label4.Caption = x / y
    Case 4                          ' 整除
      Label4.Caption = X \ Y
    Case 5                          ' 余数
      Label4.Caption = x Mod y
    Case 6                          ' 指数
      Label4.Caption = x ^ y
    Case Else                       ' 字串连接
      Label4.Caption = x & y
  End Select
End Sub
```

运行程序，结果如图 7-10 所示。

任务 7.5　常用算法实例

任务导入

算法是一个计算的具体步骤，常用于计算、数据处理和自动推理。算法是一种描述程序行为的语言，是一种让程序最为简洁的思考方式。

本任务通过几个有趣的实例学习常用的算法。

学习目标

➤ 理解几种常用算法的设计思路。

➤ 会使用常用算法设计程序。

任务实施

1. 倒序输出

【实例 7.6】

如图 7-12 所示，将下列 12 个字符 a，b，q，r，s，t，w，x，y，e，m，n 存放到数

图 7-12　倒序输出字符

组中，并以倒序打印出来。

【实现步骤】

① 分析：把题中的 12 个字符存放在数组 a（12）中，首先依次读取，然后利用 For 循环，设步长为-1，初值为 12，终值为 1，实现倒序输出。

② 建立用户界面和设置对象属性。

③ 编写事件代码。

编写"显示倒序"命令按钮 Command1 的 Click（单击）事件代码：

```
Private Sub Command1_Click()
  Dim x As Integer , a(1 To 12) As String
  a(1) = "a" : a(2) = "b" : a(3) = "q" : a(4) = "r" : a(5) = "s" : a(6)
    = "t"
  a(7) = "w" : a(8) = "x" : a(9) = "y" : a(10) = "e" : a(11) = "m" : a(12)
    = "n"
  For x = 1 To 12
    Label1.Caption = Label1.Caption & a(x)            ' 按原字符顺序输出
  Next x
  For x = 12 To 1 Step -1
    Label2.Caption = Label2.Caption & a(x)            ' 按倒序输出
  Next x
End Sub
```

运行程序，结果如图 7-12 所示。

2．选择排序法

数据排序的方法有多种，其中选择排序法、冒泡排序法是常用的排序方法。

【实例 7.7】

如图 7-13 所示，由计算机随机产生 10 个数，将这 10 个数按从小到大的顺序排序。

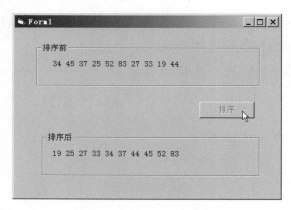

图 7-13　选择排序

【实现步骤】

① 分析。递增选择排序的思路是：

➤ 对有 n 个数的序列，从中选出最小的数（递增），与第 1 个数交换位置；

➤ 除第 1 个数外，其余 n–1 个数再按①的方法选出次小的数，与第 2 个数交换位置。

➤ 重复② n–1 遍，最后构成递增序列。

为了便于理解，我们假定 a 数组有 5 个元素，下标从 1 到 5，且数组中已赋值，上述过程如图 7-14 所示。

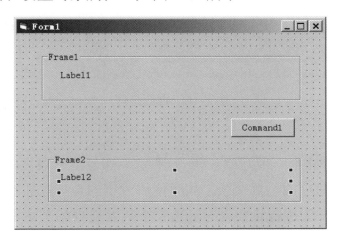

					原始数据	4	3	1	5	2
a(1)	a(2)	a(3)	a(4)	a(5)	第1遍变换后	<u>1</u>	4	3	5	2
	a(2)	a(3)	a(4)	a(5)	第2遍变换后	1	<u>2</u>	4	5	3
		a(3)	a(4)	a(5)	第3遍变换后	1	2	<u>3</u>	5	4
			a(4)	a(5)	第4遍变换后	1	2	3	<u>4</u>	5

图 7-14　选择排序法示意图

② 建立用户界面和设置对象属性，如图 7-15 所示。

图 7-15　用户界面和对象属性

③ 编写事件代码。

编写"排序"命令按钮 Command1 的 Click 事件代码：

```
Private Sub Command1_Click()
  Dim a(1 To 10) As Single
  Randomize
  For i = 1 To 10                         '产生 10 个随机数
    a(i) = Int(Rnd * 90 + 10)
    Label1.Caption = Label1.Caption & a(i) & " "
  Next i
  For i = 1 To 9                          '进行排序
    For j = i + 1 To 10
      If a(j) < a(i) Then
        t = a(i)                          '交换数据
        a(i) = a(j)
        a(j) = t
      End If
    Next j
```

```
      Next i
      For i = 1 To 10                              ' 输出排序后的结果
        Label2.Caption = Label2.Caption & a(i) & " "
      Next i
      Command1.Enabled = False
    End Sub
```

程序运行结果如图 7-13 所示。

3. 冒泡排序法

【实例 7.8】

如图 7-16 所示，从键盘输入 10 个数，要求按从小到大的顺序打印出来。

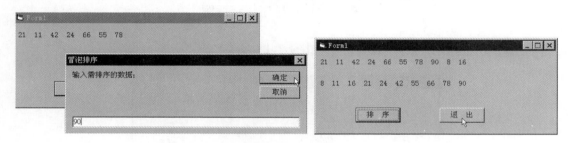

图 7-16　冒泡排序

【实现步骤】

① 分析：从数据组的第一项开始，每一项（*i*）都与下一项（*i*+1）进行比较，如果下一项的值较小，就将这两项的位置交换，从而使值较小的数据项排在前面。这样反复进行，直到结束，然后再回到开头进行重复处理。当整个数据组自始至终再也不出现项目交换时，全部数据项的排序也就进行完毕。

② 在窗体上建立两个命令按钮，并设置对象属性，如图 7-16 所示。

③ 编写事件代码。

编写"排序"命令按钮 Command1 的 Click 事件代码：

```
    Private Sub Command1_Click()
      Static number(1 To 10)
      Print
       For i = 1 To 10                            ' 输入 10 个数据
        number(i) = Val(InputBox("输入需排序的数据：", "冒泡排序"))
        Print number(i);                          ' 输出原始数据
      Next i
      Print: Print: Print
      For i = 10 To 2 Step - 1                     ' 进行排序
        For j = 1 To i - 1
          If number(j) > number(j + 1) Then        ' 使小数在前，大数在后
            t = number(j + 1)                      ' 交换数据
            number(j + 1) = number(j)
            number(j) = t
          End If
```

```
      Next j
    Next i
    For i = 1 To 10                                    ' 输出排序后的结果
      Print number(i);
    Next i
  End Sub
```

"退出"命令按钮 Command2 的 Click 事件代码如下：

```
  Private Sub Command2_Click()
    Unload Me
  End Sub
```

运行程序，结果如图 7-16 所示。

4．数组元素的对换

【实例 7.9】

如图 7-17 所示，设某数组有 20 个元素，元素的值由键盘输入，要求将前 10 个元素与后 10 个元素对换。即第 1 个元素与第 20 个元素互换，第 2 个元素与第 19 个元素互换，……，第 10 个元素与第 11 个元素互换。输出数组原来各元素的值和对换后各元素的值。

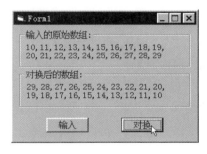

图 7-17 数组元素对换

【实现步骤】

① 分析：根据任务，定义一个具有 20 个元素的数组 a（1 To 20），首先对其进行赋值，可利用 For 循环对这 20 个元素依次进行键盘输入。然后按此顺序输出，即互换前各元素的值。进行互换操作时，按要求将前 10 个元素与后 10 个元素进行互换，方法是将 $a(i)$ 与 $a(20 - i + 1)$ 互换。最后输出互换后各元素的值。

② 设计窗体界面和设置对象属性，如图 7-18 所示。

图 7-18 设计窗体界面

③ 编写代码。

首先在"通用"段声明数组：

```
Dim a(1 To 20) As Integer
```

编写"输入"按钮 Command1 的 Click 事件代码：

```
Private Sub Command1_Click()
  Dim i As Integer, t As Integer
  Dim p As String
  For i = 1 To 20                          ' 输入 20 个元素的值
    a(i) = InputBox("输入 a(" & Format(i, "#") & "):")
  Next i
  For i = 1 To 20                          ' 连接互换前各元素的值
    p = p & a(i)
    Select Case i
      Case 10
        p = p & "," & Chr(13)              ' 10 个元素时换行
      Case 20
      Case Else
        p = p & ","
    End Select
  Next i
  Label1.Caption = p                       ' 输出互换前各元素的值
End Sub
```

编写"互换"按钮 Command2 的 Click 事件代码：

```
Private Sub Command2_Click()
  Dim p As String
  For i = 1 To 10                          ' 互换操作
    t = a(i): a(i) = a(20 - i + 1): a(20 - i + 1) = t     ' 交换
  Next i
  For i = 1 To 20                          ' 连接互换后各元素的值
    p = p & a(i)
    Select Case i
      Case 10
        p = p & "," & Chr(13)              ' 10 个元素时换行
      Case 20
      Case Else
        p = p & ","
    End Select
  Next i
  Label2.Caption = p                       ' 输出互换后各元素的值
End Sub
```

假设依次输入 10，11，12，13，…，29，运行程序后显示界面如图 7-17 所示。

5. 计算器的设计

 【实例 7.10】

如图 7-19 所示，设计一个简易的计算器。

（a）	（b）	（c）

图 7-19　简易计算器

【实现步骤】

① 分析：程序中的按钮分为数字类和运算符类两类，需要分别使用两个命令按钮控件数组。

② 建立应用程序用户界面。

新建一个工程，进入窗体设计器，首先增加一个框架控件 Frame1，选中 Frame1 后，在其中增加一个文本框控件 Text1、两个命令按钮控件数组 Command1(0)～Command1(10) 和 Command2(0)～Command2(4)。

③ 设置属性，如表 7-1 所示。

表 7-1　属性设置

对　象	属　性	属　性　值
Text1	Caption	
	Alignment	1-Right Justify
	Locked	True
Command1(0)～Command1(10)	Caption	0, 1, 2, 3, 4, 5, 6, 7, 8, 9, .（小数点）
Command2(0)～Command2(4)	Caption	+, -, *, /, =

④ 编写程序代码。

首先在模块的通用段声明变量：

```
Dim v As Boolean          ' 是否第一次按运算符
Dim s As Integer          ' 存放上次按的运算符
Dim x As Double           ' 存放第一个操作数
Dim y As Double           ' 存放第二个操作数
```

数字类命令按钮组 Command1( ) 的 Click 事件代码：

```
Private Sub Command1_Click(Index As Integer)
  If Form1.Tag = "T" Then   ' 向显示中的数追加新数
    If Index = 10 Then
      Text1.Text = "0."
    Else
      Text1.Text = Command1(Index).Caption
    End If
    Form1.Tag = ""
  Else
```

```
      Text1.Text = Text1.Text & Command1(Index).Caption
    End If
  End Sub
```

运算符类命令按钮组 Command2( ) 的 Click 事件代码：

```
  Private Sub Command2_Click(Index As Integer)
    Form1.Tag = "T"
    If v Then                ' 第一次按运算符
      x = Val(Text1.Text) ' 将输入的数存入 x
      v = Not v
    Else
      y = Val(Text1.Text)
      Select Case s
        Case 0
          Text1.Text = x + y
        Case 1
          Text1.Text = x - y
        Case 2
          Text1.Text = x * y
        Case 3
          If y < > 0 Then
            Text1.Text = x / y
          Else
            MsgBox ("不能以 0 为除数")
            Text1.Text = x
            v = False
          End If
        Case 4
          y = 0
          v = False
      End Select
      x = Val(Text1.Text)
    End If
    s = Index
  End Sub
```

运行程序，结果如图 7-19 所示。

巩固与提高 7

一、选择题

1. 窗体通用部分的语句"Option Base 1"，决定本窗体中数组（　　　）。

   A. 下界必须是 1   B. 默认的下界为 1

   C. 下界必须是 0   D. 默认的下界为 0

2. 下列数组声明语句，正确的是（   ）。

　　A．Dim a(5 6) As Integer
　　B．Dim a(n,n) As Integer
　　C．Dim a(5,6) As Integer
　　D．Dim a[5,6] As Integer

3. 设有声明语句如下，则数组 b 中全部元素的个数为（   ）。

```
Dim b(2 To 3, 1 To 4, 2 ) As Integer
```

　　A．16
　　B．24
　　C．9
　　D．6

4. 以下属于合法 VB 数组元素的是（   ）。

　　A．x2
　　B．x[2]
　　C．x(2)
　　D．x{2}

5. 设有数组定义语句 Dim a(5) As Integer，下列给数组元素赋值的语句错误的是（   ）。

　　A．a(3) =3
　　B．a(3) =Inputbox("input data")
　　C．a(3) =List1.ListIndex
　　D．a =Array(1,2,3,4,5,6)

6. 以下说法不正确的是（   ）。

　　A．使用 ReDim 语句不可以改变数组的维数

　　B．使用 ReDim 语句不可以改变数组的类型

　　C．使用 ReDim 语句可以改变数组的每一维的大小

　　D．使用 ReDim 语句可以对数组中的每个元素进行初始化

7. 假定建立了一个名为 Command1 的命令按钮数组，则以下说法错误的是（   ）。

　　A．数组中每个命令按钮的名称（Name 属性）均为 Command1

　　B．数组中每个命令按钮的标题（Caption 属性）都一样

　　C．数组中的所有命令按钮可以使用同一个事件过程

　　D．用名称 Command1（下标）可以访问数组中的每个命令按钮

8. 下列叙述中，正确的是（   ）。

　　A．控件数组的每个成员的 Caption 属性值都必须相同

　　B．控件数组的每个成员的 Index 属性值都必须不相同

　　C．控件数组的每个成员都执行不同的事件过程

　　D．对已经建立的多个类型相同的控件，这些控件不能组成控件数组

二、填空题

1. 用 Dim（1，3 to7，10）声明的是一个____维数组。

2. 在窗体上画一个命令按钮然后编写如下事件过程：

```
Option Base 1
Private Sub Command1_Click()
  Dim a
  A=Array(1 , 2 , 3 , 4)
  j=1
  For i=4 TO 1 Step-1
```

```
        s=s+a(i)*j
        j=j*10
    Next i
    Print s
End Sub
```

运行程序，单击命令按钮，其输出结果是____。

3. 在窗体上画一个名称为 Label1 的标签，然后编写如下事件过程：

```
Private Sub Form_Click()
    Dim arr(10,10) As Integer
    Dim i As Integer , j As Integer
    For i=2 To 4
        For j=2 To 4
            arr(i,j)=i*j
        Next j
    Next i
    Label1.Caption=Str(arr(2,2)+arr(3,3))
End Sub
```

程序运行后，单击窗体，在标签中显示的内容是_____。

4. 阅读程序：

```
Option Base 1
Dim arr() As Integer
Private Sub Form_Click()
  Dim i As Integer , j As Integer
  ReDim arr(3,2)
  For i=1 To 3
    For j=1 To 2
      arr(i,j)=i*2+j
    Next j
  Next i
  ReDim Preserve arr(3,4)
  For j=3 To 4
    arr(3,j)=j+9
  Next j
  Print arr(3,2)+arr(3,4)
End Sub
```

程序运行后，单击窗体，输出结果为____。

5. 在窗体上画一个名称为 Command1 的命令按钮，然后编写如下程序：

```
Option Base 1
Private Sub Command1_Click()
    Dim c As Integer , d As Integer
    d=0
    c=6
    x=Array(2,4,6,8,10,12)
    For i=1 To 6
```

```
        If x(i)>c Then
            d=d+x(i)
            c=x(i)
        Else
            d=d-c
        End If
    Next i
    Print d
End Sub
```

程序运行后，如果单击命令按钮，则在窗体上输出的内容为____。

6. 在窗体上画一个名称为 Textl 的文本框和一个名称为 Commandl 的命令按钮，然后编写如下事件过程：

```
Private Sub Commandl_Click()
    Dim arrayl(10,10)As Integer
    Dim i As Integer,j As Integer
    For i=1 To 3
      For j=2 To 4
        arrayl(i,j)=i+j
      Next j
    Next i
    Textl.Text=arrayl(2,3)+arrayl(3,4)
End Sub
```

程序运行后，单击命令按钮，在文本框中显示的值是____。

三、编程题

1. 输入一串字符，统计各字母出现的次数，不区分大小写。

2. 随机产生 10 个两位整数，找出其中的最大值、最小值和平均值。

3. 利用随机函数模拟投币结果。设共投币 100 次，求"两个正面""两个反面""一正一反"3种情况各出现多少次。

4. 利用一维数组统计一个班学生 0～9，10～19，20～29，…，90～99 及 100 各分数段的人数。

5. 设某班共 10 名学生，为了评定某门课程的奖学金，按规定超过全班平均成绩 10% 者发给一等奖，超过全班平均成绩 5% 者发给二等奖。试编制程序，输出应获奖学金的学生名单（包括姓名、学号、成绩、奖学金等级）。

6. 输出幻方阵。幻方阵也称魔方阵，是指由自然数 $1\sim n^2$（n 为奇数）构成的方阵，其各行、各列及对角线元素之和均相等，如图 7-20 所示。

图 7-20 幻方阵

过 程

在 VB 程序设计中，除进行界面设计和算法设计外，主要工作是编写程序代码，而编写代码时根据应用的复杂程度，往往要将应用按功能及其他目的划分为若干模块，而对每个模块按照情况还可以继续细分为子模块，通过 VB 提供的自定义过程将模块定义为一个个过程，供事件过程多次调用。

在前面的各单元中，我们已多次使用了事件过程，这样的过程构成了 VB 应用程序的主体。而用户自定义的过程（也称为通用过程），可以单独建立，供事件过程或其他过程调用。

在 VB 中根据过程是否有返回值，可把通用过程分为两类，即子过程和函数过程。本单元将通过若干教学任务，主要介绍通用过程的建立、调用方法。主要内容包括：

➢ 事件过程的语法格式和使用时的注意事项。

➢ 子过程的创建、调用方法。

➢ 函数过程的创建和调用方法。

➢ 过程间的参数传递方法和技巧。

➢ 过程嵌套和递归的程序设计。

任务 8.1　事件过程

🔵 任务导入

事件过程是构成 VB 应用程序的主体。在前面的学习中，我们编写的程序几乎都使用了事件过程。

本任务在以前学习的基础上，对事件过程的语法格式和使用时的注意事项进行归纳，便于学生系统、全面地掌握过程的设计方法。

🔵 学习目标

➢ 理解事件过程的运行机制。

➢ 理解控件事件过程和窗体事件过程的语法要求，了解事件过程的使用技巧，了解事件过程名在使用中的注意事项。

🔵 任务实施

1. 事件过程的运行机制

事件过程由 VB 自行声明，用户不能增加或删除。当用户对某个对象发出一个动作时，

Windows 会通知 VB 产生了一个事件，VB 会自动地调用与该事件相关的事件过程。即当对象对一个事件的发生做出认定时，VB 便自动用相应于事件的名字调用该事件的过程。由于名字在对象和代码之间建立了联系，所以事件过程是依附在窗体和控件上的。

2. 事件过程的语法格式

控件事件过程的语法格式为

```
Private Sub 〈控件名〉_〈事件名〉([ 形参表 ])
   [ 语句组 ]
End Sub
```

窗体事件过程的语法为

```
Private Sub Form_〈事件名〉([ 形参表 ])
   [ 语句组 ]
End Sub
```

说明：

① 虽然用户可以手工输入首行的事件过程名，但使用模板会更方便，模板自动将正确的过程名包括进来。

使用模板创建事件过程的方法：在"对象"列表框中选定活动的窗体中的对象名（如 Command1），在"过程"框中选择事件名（如 Click 事件），系统就会在"代码编辑器"窗口中生成该对象所选事件的过程模板，如图 8-1 所示。然后在 Sub 和 End Sub 语句之间输入代码。

图 8-1　使用模板创建事件过程

② 事件过程名是由 VB 自动给出的，如 Command1_Click。因此，在为新控件或对象编写事件代码之前，应先设置它的 Name 属性，如图 8-2 所示，将 Command1 的 Name 属性设置为 Cmdopen，则事件过程名就自动给出 Cmdopen_Click。

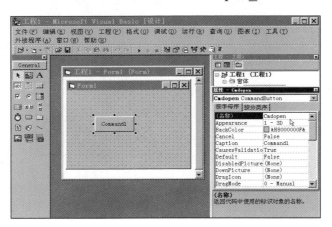

图 8-2　设置对象的 Name 属性

如果编写代码后再改变控件或对象的 Name 属性，也必须同时更改事件过程的名字。否则，控件或对象会失去与代码的联系，这时会把它当作一个通用过程。

任务 8.2 子过程

⏩ 任务导入

当有几个不同的事件过程需要执行相同的操作时，为了简化程序，可以将公共语句放入分离开的子过程（通用过程）中，并由事件过程来调用它。这样不必重复编写代码，维护程序也较容易。

子过程不与任何特定的事件相联系，只能由别的过程来调用，它可以存储在窗体或标准模块中。本任务学习子过程的创建、调用方法。

⏩ 学习目标

➢ 会建立、调用子过程。

➢ 能熟练使用子过程编写程序。

⏩ 任务实施

1. 建立子过程的两种方法

建立子过程有两种方法：一是使用"添加过程"对话框；二是直接在代码编辑窗口中输入过程代码。

2. 使用"添加过程"对话框创建过程

打开代码编辑窗口，单击"工具"菜单→"添加过程"命令，打开"添加过程"对话框。在"名称"文本框中输入过程名"fact"，从"类型"组中选中"子程序"项，从"范围"组中选中"公有的"项，如图 8-3 所示，单击"确定"按钮。

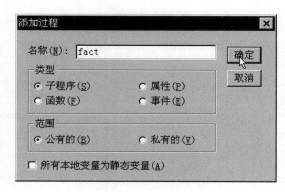

图 8-3 "添加过程"对话框

3．通过在代码编辑窗口中输入语句建立子过程

在代码编辑窗口中，将光标定位在已有过程的外面。然后按如下格式输入子过程：

```
[ Private | Public ][ Static ] Sub 〈过程名〉( [ 形参表 ] )
   [ 语句组 ]
   [ Exit Sub ]
   [ 语句组 ]
End Sub
```

说明：

① VB 默认所有模块中的子过程是 Public（公用的），表示在应用程序中可随处调用它们；如果选用 Private（局部的），则只有该过程所在模块中的程序才能调用该过程。

② 如果使用 Static（静态）关键字，则该过程中的所有局部变量的存储空间只分配一次，且这些变量的值在整个程序运行期间都存在；如果省略 Static，过程每次被调用时重新为其变量分配存储空间，当该过程结束时释放其变量的存储空间。

③ 〈过程名〉与变量名的命名规则相同，长度不得超过 40 个字符。

4．调用子过程的方法

调用子过程有下面两种方法：

① 使用 Call 语句：

```
Call 〈过程名〉( [ 实参表 ] )
```

② 直接使用过程名：

```
〈过程名〉[ 〈实参表〉]
```

说明：

① 当用 Call 语句调用执行过程时，其过程名后必须加括号，若有参数，则参数必须放在括号之内。

② 若省略 Call 关键字，则过程名后不能加括号，若有参数，则参数直接跟在过程名之后，参数与过程名之间用空格隔开，参数与参数之间用逗号分隔。

例如，下面两个语句都调用 fact 子过程：

```
Call fact(5)
fact 5
```

其中 5 是实际参数。实际参数可以是常量、变量、表达式。如：

```
a=5
Call fact(5)
```

每次调用过程都会执行 Sub 和 End Sub 之间的〈语句组〉。Sub 过程以 Sub 开始，以 End Sub 结束。当程序遇到 End Sub 时，退出过程，立即返回到调用语句的后续语句。

5．利用子过程求矩形面积

【实例 8.1】

编写一个计算矩形面积的 Sub 过程，然后调用该过程计算矩形面积，如图 8-4 所示。

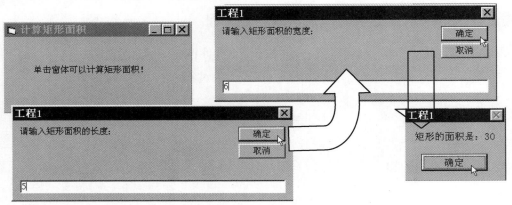

图 8-4 输入长、宽求矩形面积

【实现步骤】

① 分析：使用通用过程来计算并输出矩形的面积，它有两个形参，分别为矩形的长和宽。在窗体的单击事件过程 Form_Click 中，从键盘输入矩形的长和宽，并用它们作为实参调用通用过程。

② 建立应用程序用户界面和设置对象属性，如图 8-5 所示。

图 8-5 建立计算矩形面积的用户界面

③ 在代码窗口中直接编写通用事件代码：

```
Sub recarea(rlen, rwid)
  Dim area
  area = rlen * rwid                    ' 计算矩形面积
  MsgBox "矩形的面积是：" & area         ' 用消息框输出矩形面积
End Sub
```

④ 编写窗体 Form 的单击 Click 事件代码：

```
Private Sub Form_Click()
  Dim a, b
  a = InputBox("请输入矩形面积的长度：")     ' 用输入框输入矩形的长
  b = InputBox("请输入矩形面积的宽度：")     ' 用输入框输入矩形的宽
  recarea a, b             ' 调用 recarea 过程，也可以改为 Call recarea(a, b)
End Sub
```

如图 8-6 所示，编写子过程与窗体的事件过程代码。

图 8-6 编写子过程与窗体的事件过程代码

⑤ 运行工程。

单击标准工具栏中的"启动"按钮，运行工程，单击窗体，依次输入矩形的长、宽，求得矩形面积，如图 8-4 所示。

6. 利用子过程求阶乘和

 【实例 8.2】

如图 8-7 所示，分别计算阶乘 5!、6!、8!，以及它们的和 5! + 6! + 8!。

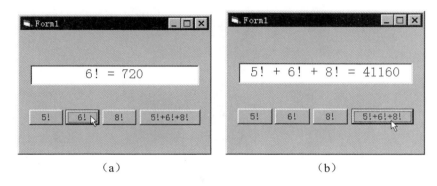

图 8-7 计算阶乘及阶乘的和

【实现步骤】

① 分析：要计算 $s = 5! + 6! + 8!$，先要分别计算出 5!、6!和 8!。由于 3 个求阶乘的运算过程完全相同，因此用通用子过程来计算任意阶乘 tot!。每次调用子过程前给 tot 变量赋一个值，在子过程中将所求结果放入 total 变量中，返回主程序后 tot 变量接收 total 的值。这样 3 次调用子程序便可求得变量 s。

② 建立用户界面与设置对象属性。

③ 编写代码。按下面步骤进行：

➢ 双击窗体的空白区，打开代码编辑窗口。

➢ 单击"工具"菜单→"添加过程"命令，打开"添加过程"对话框。

➢ 在"名称"文本框中输入过程名"fact"，从"类型"组中选中"子程序"项，从"范围"组中选中"公有的"项，如图 8-8 所示。

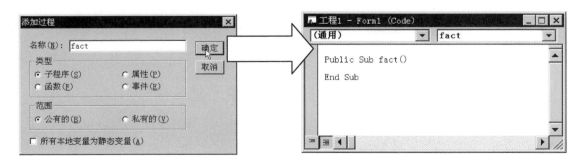

图 8-8 "添加过程"对话框与代码编辑窗口

➢ 单击"确定"按钮后，在代码窗口中可以看到添加了一个子过程。

➢ 编写通用过程代码。在括号中添加形参表"m As Integer, total As Long"，fact 通用子

过程代码为

```
Sub fact(m As Integer, total As Long)            ' 计算阶乘子过程
    Dim i As Integer
    total = 1
    For i = 1 To m
      total = total * i
    Next i
End Sub
```

➤ 编写事件过程来调用通用过程。编写命令按钮组的 Click 事件代码。

```
Private Sub Command1_Click(Index As Integer)
    Dim a As Integer, b As Integer, c As Integer, s As Long, tot As Long
    n = Index
    Select Case n
      Case 0
        a = 5
        Call fact(a, tot)
        Label1.Caption = a & "! = " & tot
      Case 1
        a = 6
        Call fact(a, tot)
        Label1.Caption = a & "! = " & tot
      Case 2
        a = 8
        Call fact(a, tot)
        Label1.Caption = a & "! = " & tot
      Case 3
        a = 5: b = 6: c = 8
        Call fact(a, tot)
        s = tot
        Call fact(b, tot)
        s = s + tot
        Call fact(c, tot)
        s = s + tot
        Label1.Caption = a & "! + " & b & "! + " & c & "! = " & s
    End Select
End Sub
```

运行程序，结果如图 8-7 所示。

7. 利用子程序验证哥德巴赫猜想

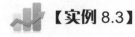 【实例 8.3】

验证哥德巴赫猜想：一个不小于 6 的偶数可以表示为两个素数之和。例如：6 = 3 + 3，8 = 3 + 5，10 = 3 + 7，……，如图 8-9 所示。

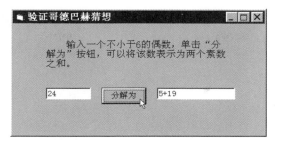

图 8-9 验证哥德巴赫猜想

【实现步骤】

① 分析：假设有一个偶数 n，将它表示为两个整数 a 和 b 的和，即 $n = a + b$。如果 $n = 10$，先令 $a = 2$，判断 2 是否是素数，经检查 2 是素数，由于 $b = n - a$，故 b 的值为 8，经检查 8 不是素数，则这一组合（$10 = 2 + 8$）不合要求。再使 a 加 1，即 $a = 3$，经检查 3 是素数，$b = n - a = 7$，经检查 7 也是素数，则这一组合（$10 = 3 + 7$）符合要求。

② 设计程序界面和设置对象属性。

③ 编写代码。

由于需要多次检查一个整数是否为素数，所以把判断是否为素数这一过程编写为一个 Sub 程序 Prime。

Sub 过程如下：

```
Private Sub Prime(m As Long, f As Boolean)
  f = True
  If m > 3 Then
    For i = 3 To Sqr(m)                '从 3～√m 依次进行判断
      If m Mod i = 0 Then f = False: Exit For
                                       '能被整除时不是素数，退出循环
    Next
  End If
End Sub
```

命令按钮 Command1 的 Click 事件代码如下：

```
Private Sub Command1_Click()
  Dim n As Long, x As Long, y As Long, p As Boolean
  n = Val(Text1.Text)
  If n < 6 Or n Mod 2 <> 0 Then        '输入的数据应为大于 6 的偶数
    MsgBox "对不起！必须输入大于 6 的偶数，请您重新输入！"
    Cancel = True
  Else
    For x = 3 To n / 2 Step 2
      Call Prime(x, p)                 '调用子过程，判断是否是素数
      If p Then
        y = n - x
        Call Prime(y, p)               '调用子过程
        If p Then
          Text2.Text = x & "+" & y     '数据连接
          Exit For                     '退出循环
```

```
        End If
      End If
    Next
  End If
  Text1.SelStart = 0
  Text1.SelLength = Len(Text1.Text)
End Sub
```

运行程序，在文本框中输入一个大于 6 的偶数（如 24），单击"分解为"按钮，显示分解结果 5+19，如图 8-9 所示。

 任务 8.3 **函数过程**

⬤ **任务导入**

函数是过程的另一种形式，当过程的执行要返回一个值时，使用函数过程更方便。VB 中包含了许多内部函数，如 Int、Sqr 等。用户在编写程序时，只需写出一个函数名并给定参数就能得出函数值。但是，如果在程序中需要多次用到某一公式或要处理某一函数关系，而又没有现成的内部函数可用时，可以自己编写 Function（函数）过程。

本任务学习函数过程的建立和调用方法。

⬤ **学习目标**

➢ 会建立、调用函数过程。
➢ 能熟练使用函数过程编写程序。

⬤ **任务实施**

1. 定义函数过程的两种方法

与子过程一样，函数过程也是一个独立的过程，可读取参数、执行一系列语句并改变其参数的值。与子过程不同的是，函数过程可返回给调用过程一个值。

定义函数与定义子过程相似，可以使用"添加过程"对话框，也可以在代码编辑窗口中直接输入过程代码。

2. 通过"添加过程"对话框定义函数

打开"添加过程"对话框，在"类型"中选择"函数"项。例如，要创建一个用于求某数阶乘的通用函数 Fact，在"名称"输入框中输入过程名 fact，在"类型"选择栏中选择"函数"，如图 8-10 所示，单击"确定"按钮，即可产生函数过程的框架。

通常，由系统自动产生的函数过程框架还需要适当修改。由于函数过程有返回值，这个值就应该属于某种数据类型，因此，还需要在过程名后面加上对其返回值类型的定义和说明。另外，为了获得传递过来的参数，还需定义接收参数的变量等。

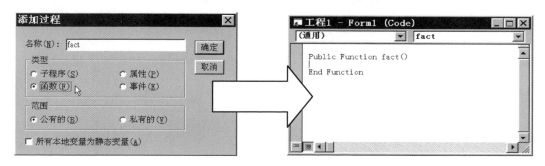

图 8-10　定义函数过程

3．通过在代码编辑窗口输入来定义函数

定义函数过程的语法格式为

```
[ Private | Public ][ Static ] Function 〈函数名〉( [ 形参表 ] ) [ As 类型 ]
    [ 语句组 ]
    [〈函数名〉=〈表达式〉]
    [ Exit Function ]
    [ 语句组 ]
    [〈函数名〉=〈表达式〉]
End Function
```

说明：

①〈表达式〉的值是函数返回的结果。在语法中通过赋值语句将值赋给〈函数名〉，该值就是 Function 过程返回的值。

② 如果在 Function 过程中省略"〈函数名〉=〈表达式〉"，则该过程返回一个默认值：数值函数过程返回 0，字符串函数过程返回空字符串。因此，为了能使一个 Function 过程完成所指定的操作，通常要在过程中为〈函数名〉赋值。

③ [语句组]中可以用一个或多个 Exit Function 语句从函数中退出。

4．调用函数过程的两种方法

① 直接调用。函数过程的调用很简单，与使用 VB 内部函数一样，可以在表达式中直接写上它的名字。例如，假设已经编有计算圆面积的函数过程 cir()，调用方法可为

```
MsgBox "圆面积为" & cir(10)
```

② 用 Call 语句调用。与调用子过程一样调用函数过程。利用下面的代码都调用同一个函数过程：

```
Call cir (10)
area 10
```

当用这种方法调用函数时，VB 放弃返回值。

5．调用无参函数的方法

函数可以没有参数，在调用无参函数时不发生虚实结合。调用无参函数得到一个固定

的值，如下述无参函数：

```
Function a
   a = "ABCD"
End Function
```

可如下调用：

```
Print a
```

6. 利用函数过程求阶乘和

【实例 8.4】

利用函数过程，求 1!+2!+3!+4!+5!+6!。

【实现步骤】

① 分析：首先创建求任意阶乘的 Function 过程。主程序通过调用该函数依次求得 1!、2!、3!…6!的值，然后将这些值进行累加。

② 建立用户界面与设置对象属性，如图 8-11 所示。

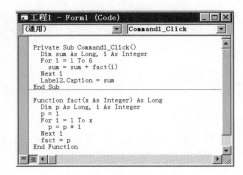 

图 8-11　求阶乘和

③ 编写计算任意整数 n 的阶乘的 Function 过程：

```
Function fact(x As Integer) As Long
  Dim p As Long, i As Integer
  p = 1
  For i = 1 To x
    p = p * i                      ' 累乘
  Next i
  fact = p                         ' 返回函数值
End Function
```

④ 编写命令按钮 Command1 的 Click 事件代码：

```
Private Sub Command1_Click()
  Dim sum As Long, i As Integer    ' 定义数据类型
  For i = 1 To 6                    ' 求 1 到 6 的阶乘
    sum = sum + fact(i)            ' 累加阶乘和
  Next i
  Label2.Caption = sum             ' 输出结果
End Sub
```

代码输入窗口和程序运行结果如图 8-11 所示。

7. 利用过程函数输出特定的图形

 【实例 8.5】

编写 Function 过程返回指定字符、长度的字符串，实现在窗体上输出如图 8-12 所示的图形。

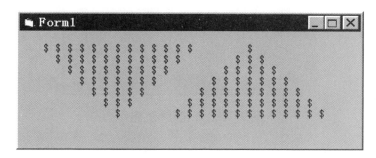

图 8-12 输出图形

【实现步骤】

① 编写能够返回指定字符、长度字符串的 Function 过程：

```
Private Function stri(n As Integer, f As String)
  p = ""
  For i = 1 To n                        ' 指定长度
    p = p & " " & f                     ' 连接字符串
  Next
  stri = p                             ' 返回函数值
End Function
```

② 编写窗体的 Click 事件代码，调用上述 stri 过程：

```
Private Sub Form_Click()
  Dim f As String * 1
  f = InputBox("显示的字符:", "请输入", "$")   ' 指定组成图形的字符
  If f = "" Then f = "$"                        ' 输出字符，默认为 "$"
  Cls
  Print
  For n = 1 To 7                                ' 输出 7 行
    Print Tab(2 * n + 2);                       ' 定位
    Print stri(15 - 2 * n, f);                  ' 输出左半部分
    Print Spc(8);                               ' 左右两部分间的间隔
    Print stri(2 * n - 1, f);                   ' 输出右半部分
    Print                                       ' 换行
  Next
End Sub
```

运行程序，结果如图 8-12 所示。

8. 利用函数过程解决加密、解密问题

 【实例 8.6】

如图 8-13 所示，实现英语单词或短语的加密／解密操作。加密／解密的基本原则：把

英语单词或短语中每个字符的 ASCII 码加上 2，使其变为另外一个字符。例如"ABCDE"，每个字符的 ASCII 码加 2，变为"CEDFG"，从而对原来的单词或短语"加密"。

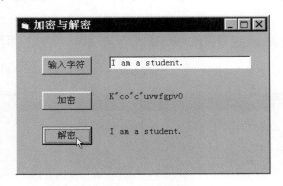

图 8-13　加密/解密操作

【实现步骤】

① 分析：根据题目中要求的加密原则进行加密后，为了对加密后的单词或短语解密，则应对加密后的单词或短语中各字符的 ASCII 码减去所加的值。例如，把"CDEFG"每个字符的 ASCII 码减去 2，即可恢复为原来的"ABCDE"。

根据上面的分析，可以编写 3 个通用过程，分别执行加密、解密及接收要加密的单词或短语的操作。

② 建立用户界面及对象属性，如图 8-14 所示。

图 8-14　加密与解密的用户界面

③ 编写代码。编写执行加密操作的函数过程 en 代码：

```
Function en(inp As String)
Dim i As Integer
  Dim sout As String, scurrent As String, snew As String
  i = Len(inp)
  For x = 1 To i
    scurrent = Mid$(inp, x, 1)          ' 截取字符串中的每个字符
    snew = Chr$(Asc(scurrent) + 2)      ' 每个字符的 ASCII 码值加 2 后的字符
    sout = sout & snew                  ' 字符连接
  Next x
  en = sout                             ' 返回函数值
End Function
```

编写执行解密操作的函数过程 de 代码：

```
Function de(inp As String)
  Dim i As Integer
  Dim sout As String, scurrent As String, snew As String
  i = Len(inp)
  For x = 1 To i
    scurrent = Mid$(inp, x, 1)        '截取字符串中的每个字符
    snew = Chr$(Asc(scurrent) - 2)    '每个字符的 ASCII 码值减 2 后的字符
    sout = sout & snew                '字符连接
  Next x
  de = sout                          '返回函数值
End Function
```

在通用段声明变量：

```
Dim sph As String
```

编写"输入字符"命令按钮 Command1 的 Click 事件代码：

```
Private Sub Command1_Click()
  Text1.Text = ""           '将文本框中的内容置空，准备接收字符
  Text1.SetFocus            '设置焦点
End Sub
```

编写"加密"命令按钮 Command2 的 Click 事件代码：

```
Private Sub Command2_Click()
  Dim sen As String
  sen = en(Text1.Text)      '调用 en 函数过程，对文本框中的字符进行加密
  Label1.Caption = sen      '输出加密后的结果
End Sub
```

编写"解密"命令按钮 Command3 的 Click 事件代码：

```
Private Sub Command3_Click()
  Dim sde As String
  sde = de(en(Text1.Text))  '调用 en 和 de 函数过程，对加密后的字符进
                            '行解密
  Label2.Caption = sde      '输出解密后的结果
End Sub
```

运行程序，单击"输入字符"按钮，在文本框中输入一串字符；单击"加密"按钮，则显示出加密了的单词或短语；单击"解密"按钮，则显示出解密后的单词或短语，如图 8-13 所示。

任务 8.4　过程间参数的传递

任务导入

调用过程的目的，就是在一定的条件下完成某一工作或计算某一函数值。外界要把条件告诉过程，反过来，过程要把某些结果报告给外界，这就是过程与外界的数据传递。

过程与外界的数据传递有两种方式：一是通过非局部变量，二是通过参数。

在过程体中使用非局部变量（如全程变量），就是直接处理外界的量。由于这种量在过程内、外都能用，故数据传递不成问题。本节任务主要学习参数的传递。

学习目标

➢ 理解形式参数与实际参数的概念。

➢ 理解按值传递与按地址传递的区别。

➢ 会正确使用参数实现数据传递。

任务实施

1. 参数的分类

在 VB 中，根据参数所在的过程，将参数分为形式参数和实际参数。

形式参数是在子过程和函数过程的定义中出现的变量名；实际参数则是在调用子过程和函数过程时，传送给子过程和函数过程的常数、变量、表达式或数组。

在 VB 中，通常把形式参数叫作"形参"，把实际参数叫作"实参"。

2. 形参表

形参表中的各个变量之间用逗号分隔，表中的变量可以是：

➢ 后面跟有左、右圆括号的数组名。

➢ 除定长字符串之外的合法变量名。

在形参表中只能用如 a As String 之类的变长字符串作为形参，不能用如 a As String*8 之类的定长字符串作为形参。但定长字符串可以作为实际参数传递给过程。

3. 实参表

实参表中的各项用逗号隔开，实参可以是：

➢ 常量；

➢ 表达式；

➢ 合法的变量名；

➢ 后面跟有左、右括号的数组名。

4. 形参与实参的对应关系

形式参数与实际参数的对应关系为

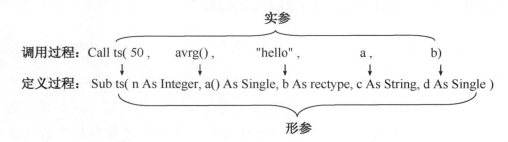

说明：

① 在定义过程时，形参为实参保留位置。在调用过程时，实参被插入形参中的各变量处，第一个形参接收第一个实参的值，第二个形参接收第二个实参的值……

②〈实参表〉和〈形参表〉中对应的变量名不必相同，但是变量的个数必须相等，且各实参的书写顺序必须与相应形参的类型相符。

5. 传递参数的两种方式

在调用过程时，一般调用过程与定义过程之间有数据传递，即将调用过程的实参传递给定义过程，完成实参与形参的结合，然后执行调用过程。

在 VB 中，实参与形参的结合有两种方法，即"传址"和"传值"。

传递参数的方式有两种：如果调用语句中的实际参数是常量或表达式，或者定义过程时选用 ByVal 关键字，就可以按值传递；如果调用语句中的实际参数为变量，或者定义过程时选用 ByRefl 关键字，就可以按地址传递。

6. 传址

传址就是让过程根据变量的内存地址去访问实际变量的内容，即形参与实参使用相同的内存地址单元，这样通过子过程就可以改变变量本身的值。

 注意

在传址调用时，实际参数必须是变量，常量或表达式无法传址。系统默认按地址传递参数。

 【实例 8.7】

分析下面程序的运行结果，理解传址调用的概念。

【实现步骤】

假设，现在有下面的子过程：

```
Sub try(x As Integer, y As Integer)
  x = x + 2                        ' 在子程序中改变变量的值
  y = y + 3                        ' 在子程序中改变变量的值
  Print "x="; x, "y="; y           ' 在子程序中输出变量的值
End Sub
```

窗体 Form 的 Click（单击）事件代码如下：

```
Private Sub Form_Click()
  Dim a As Integer, b As Integer
  a = 5                            ' 在主程序中变量的原值
  b = 6                            ' 在主程序中变量的原值
  try a , b                        ' 传址调用
  Print "a="; a, "b="; b           ' 在主程序中输出变量的值
End Sub
```

运行上述程序后，输出结果如图 8-15 所示。

图 8-15 传址调用

分析：在事件过程中，由于通过 "try a，b" 语句调用过程 try，实参 a 和 b 的值分别为 5 和 6，传送给 try 后进行计算，在通用过程中输出的 x 和 y 分别为 7 和 9，而在事件过程中输出的 a 和 b 同样为 7 和 9。

7. 传值

传值就是通过值传送实际参数，即传送实参的值而不是传送它的地址。在这种情况下，系统把需要传送的变量复制到一个临时单元中，然后把该临时单元的地址传送给被调用的通用过程。由于通用过程没有访问变量（实参）的原始地址，因而不会改变原来变量的值，所有的变化都是在变量的副本上进行的。

当要求变量按值传送时，可以用下面的方法：

① 把变量变成一个表达式。把变量转换成表达式的最简单的方法就是把它放在括号内。例如把变量用括号括起来，把它变为一个表达式，如 "（a）"。

② 定义过程时用 ByVal 关键字指出参数是按值来传递的，例如：

```
Sub PostAc( ByVal x As Integer )
  x = x + 2
End Sub
```

这里的形参 x 前有关键字 ByVal，调用时以传值方式传送实参。在传值方式下，VB 为形参分配内存空间，并将相应的实参值复制给各形参。

 【实例 8.8】

分析下面程序的运行结果，理解传值调用的概念。

【实现步骤】

将实例 8.7 改为传值方式的通用过程如下：

```
Sub try(ByVal x As Integer, ByVal y As Integer)
  x = x + 2                    ' 在子程序中改变变量的值
  y = y + 3                    ' 在子程序中改变变量的值
  Print "x="; x, "y="; y       ' 在子程序中输出变量的值
End Sub
```

窗体 Form 的 Click 事件代码与实例 8.7 相同：

```
Private Sub Form_Click()
  Dim a As Integer, b As Integer
  a = 5                        ' 在主程序中变量的原值
  b = 6                        ' 在主程序中变量的原值
  try a, b                     ' 传值调用
```

```
    Print "a="; a, "b="; b                ' 在主程序中输出变量的值
  End Sub
```

运行程序后，输出结果如图 8-16 所示。

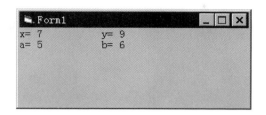

图 8-16　传值调用

 任务 8.5　过程的嵌套与递归调用

● 任务导入

在一个过程（子过程或函数过程）中调用另外一个过程，称为过程的嵌套调用；而过程直接或间接地调用自身，则称为过程的递归调用。

本任务学习嵌套与递归调用的程序设计方法。

● 学习目标

➤ 掌握过程的嵌套调用方法。

➤ 掌握过程的递归调用方法。

● 任务实施

1. 过程的嵌套调用

VB 的过程定义都是互相平行和孤立的，也就是说在定义过程时，一个过程内不能包含另一个过程。VB 虽然不能嵌套定义过程，但可以嵌套调用过程，也就是主程序可以调用子过程，在子过程中还可以调用另外的子过程，这种程序结构称为过程的嵌套，如图 8-17 所示。

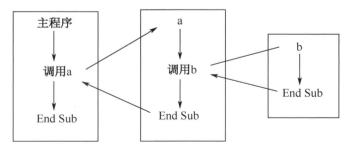

图 8-17　过程的嵌套

图中清楚地表明，主程序或子过程遇到调用子过程语句就转去执行子过程，而本程序的余下部分要等从子过程返回后才得以继续执行。

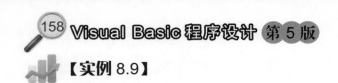

【实例8.9】

如图 8-18 所示，输入参数 n，m，求组合数 $C_n^m = \dfrac{n!}{m!(n-m)!}$ 的值。

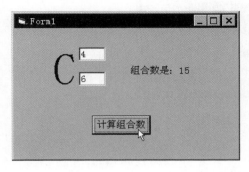

图 8-18　求组合数

【实现步骤】

① 分析：求组合数用函数过程 Comb 来实现，求阶乘 $n!$ 则由另一个函数过程 fact 来实现。在执行 Comb 函数的过程中要多次调用 fact 函数，即嵌套调用过程。

② 建立用户界面和设置对象属性，如图 8-18 所示。

③ 编写代码。

编写求阶乘的 Function 过程 fact 的代码：

```
Private Function fact(x)
 p = 1
 For i = 1 To x
  p = p * i
 Next i
 fact = p                          ' 返回函数值
End Function
```

编写求组合数的 Function 过程 Comb 的代码：

```
Private Function comb(n, m)
  comb = fact(n) / (fact(m) * fact(n - m))' 计算并返回函数值
End Function
```

编写"计算组合数"命令按钮 Command1 的 Click（单击）事件代码：

```
Private Sub Command1_Click()
 m = Val(Text1.Text)
 n = Val(Text2.Text)
 If m > n Then
   MsgBox "输入数据不正确！", 0, "请检查！" ' 数据检验
   Exit Sub                         ' 退出本过程
 End If
 Label2.Caption = "组合数是：" & comb(n, m)
End Sub
```

运行程序，在文本框中分别输入参数 n 和 m，输出组合数结果；如果 $m>n$，则弹出消息框，提示输入数据不正确，如图 8-18 所示。

2. 过程的递归

递归调用就是一个过程调用过程本身。在递归调用中，一个过程执行的某一步要用到它自身的上一步（或上几步）的结果。

【实例 8.10】

利用递归调用计算 $n!$，界面如图 8-19 所示。

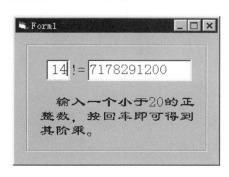

图 8-19 求阶乘

【实现步骤】

① 分析：自然数 n 的阶乘可以递归定义为

$$n! = \begin{cases} 1 & n = 0 \\ n \times (n-1)! & n > 0 \end{cases}$$

② 窗体的设计以及对象属性的设置，如图 8-19 所示。

③ 编写代码。

编写求阶乘的递归函数过程 fact 的代码如下：

```
Private Function fact(n) As Double
  If n > 0 Then
    fact = n * fact(n - 1)
  Else
    fact = 1
  End If
End Function
```

编写文本框的 **KeyPress** 事件代码：

```
Private Sub Text1_KeyPress(KeyAscii As Integer)
  Dim n As Integer, m As Double
  If KeyAscii = 13 Then
    n = Val(Text1.Text0)
    If n < 0 Or n > 20 Then MsgBox ("非法数据！"): Exit Sub
    m = fact(n)
    Text2.Text = Format(m, "!@@@@@@@@@")
    Text1.SetFocus
  End If
End Sub
```

运行程序，结果如图 8-19 所示。

说明：当 $n > 0$ 时，在过程 fact 中调用 fact 过程，参数为 $n-1$，这种操作一直持续到 $n = 1$ 为止。

例如，当 $n = 5$ 时，求 fact(5) 的值变为求 $5 \times$ fact(4)；求 fact(4) 的值又变为求 $4 \times$ fact(3)……当 $n = 0$ 时，fact 的值为 1，递归结束，其结果为 $5 \times 4 \times 3 \times 2 \times 1$。如果将第一次调用过程 fact 叫作 0 级调用，以后每调用一次级别增加 1，过程参数 n 减 1，则递归调用的过程如下：

```
    递归级别            执行操作
    0               fact(5)
    1                 fact(4)
    2                   fact(3)
    3                     fact(2)
    4                       fact(1)
    4                   返回1 fact(1)
    3                 返回2  fact(2)
    2               返回6  fact(3)
    1             返回24  fact(4)
    0           返回120  fact(5)
```

【实例 8.11】

有 5 个人坐在一起，第 5 个人说比第 4 个人大 2 岁。第 4 个人说比第 3 个人大 2 岁。第 3 个人说比第 2 个人大 2 岁。第 2 个人说比第 1 个人大 2 岁。最后问第 1 个人，他说是 10 岁。请问第 5 个人有多大岁数。

【实现步骤】

分析：这是一个递归问题。要想知道第 5 个人的年龄，就必须先知道第 4 个人的年龄，要求第 4 个人的年龄必须先知道第 3 个人的年龄，而第 3 个人的年龄又取决于第 2 个人的年龄，第 2 个人的年龄又取决于第 1 个人的年龄。其中每个人都比其前 1 个人大 2 岁。列出算式为

age(5) = age(4) + 2

age(4) = age(3) + 2

age(3) = age(2) + 2

age(2) = age(1) + 2

age(1) = 10

即可表述为下面的式子：

$$age(n) = \begin{cases} 10 & n = 1 \\ age(n-1) + 2 & n > 1 \end{cases}$$

可以看出，当 $n > 1$ 时，求第 n 个人的年龄的公式是相同的。在调用时，只是每次的参数不同而已，该递归过程的结束条件是 $n = 1$。

① 建立用户界面与设置对象属性，如图 8-20 所示。

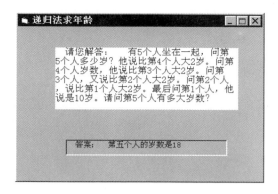

图 8-20 用递归法求第 5 个人的年龄

② 编写代码。

使用自定义的 Function 过程 age 来描述上述的递归过程，过程代码如下：

```
Private Function age(n As Integer) As Integer
  If n = 1 Then
    age = 10                        '递归结束
  Else
    age = age(n - 1) + 2            '递归调用
  End If
End Function
```

编写窗体 Form 的 Load（载入）事件代码如下：

```
Private Sub Form_Load()
  Label2.Caption = "  答案：  第五个人的岁数是" & age(5)
End Sub
```

运行程序，结果如图 8-20 所示。

 【实例 8.12】

利用递归过程编写程序打印斐波那契（Fibonacci）数列。斐波那契数列为 1 1 2 3 5 8 13 21 34 55 …

【实现步骤】

① 分析：形成此数列的规律是它的头两个数为 1，从第三个数开始其值是它前面的两个数之和，即

$$\text{fibo} = \begin{cases} 1 & n = 1 \\ 1 & n = 2 \\ \text{fibo}(n-1) + \text{fibo}(n-2) & n > 2 \end{cases}$$

② 建立用户界面与设置对象属性，如图 8-21 所示。

③ 编写代码。

编写窗体 Form 的 Load（载入）事件代码：

```
Private Sub Form_Load()
  n = InputBox("您需要输出的个数：", "斐波那契数列")
  For x = 1 To n
    List1.AddItem fibo(x)                        '在列表框中添加项目
  Next x
```

```
    End Sub
```

编写函数过程：

```
Private Function fibo(n)
  If n = 1 Or n = 2 Then
    fibo = 1
  Else
    fibo = fibo(n - 1) + fibo(n - 2)          ' 递归调用
  End If
End Function
```

运行程序，结果如图 8-21 所示。

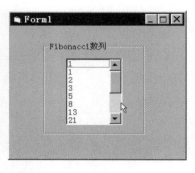

图 8-21　用户界面和运行结果

巩固与提高 8

一、选择题

1. VB 中，函数过程和子过程必须分别用关键字（　　）。

   A．Private、Public　　　　　　　　B．Public、Private

   C．Function、Sub　　　　　　　　　D．Sub、Function

2. 在 VB 工程中，可以作为"启动对象"的程序是（　　）。

   A．任何窗体或标准模块　　　　　　B．任何窗体或过程

   C．Sub Main 过程或其他任何模块　　D．Sub Main 过程或任何窗体

3. 关于函数与子过程的关系，下面说法正确的是（　　）。

   A．函数执行完后将得到一个返回值，而子过程只是执行一系列动作

   B．函数可以不带参数，而子过程必须带参数

   C．在函数中只用到传址方式，而子过程只能用到传值方法

   D．子过程可以被其他子过程调用，而函数不能被其他函数调用

4. 以下关于函数过程的叙述中，正确的是（　　）。

   A．函数过程形参的类型与函数返回值的类型没有关系

   B．在函数过程中，过程的返回值可以有多个

   C．当数组作为函数过程的参数时，既能以传值方式传递，也能以传址方式传递

D. 如果不指明函数过程参数的类型，则该参数没有数据类型

5. VB 中默认的参数传递机制是（ ）。

A. 传值
B. 传址

C. 传值和传址
D. 从实参到形参

6. 使用（ ）语句可以实现参数传递机制的特殊出口。

A. Public Sub / Function
B. Call 过程名

C. Exit Sub / Function
D. Private Sub / Function

7. 下列程序的执行结果为（ ）。

```
Private Sub Command1_Click()
  Dim x As Integer , y As Integer
  x=12 : y=20
  Call Value(x , y)
  Print x ; y
End Sub
Private Sub Value(ByVal m As Integer,ByVal n As Integer)
  m=m*2 : n=n-5
  Print m ; n
End Sub
```

A. 20 12
B. 12 20
C. 24 15
D. 24 12

  20 15
  12 25
  12 20
  12 15

8. 在窗体上画一个名称为 Text1 的文本框，一个名称为 Command1 的命令按钮，然后编写如下事件过程和通用过程：

```
Private Sub Command1_Click()
  n=Val(Text1.Text)
  If n\2=n/2 Then
    f=f1(n)
  Else
    f=f2(n)
  End If
  Print f;n
End Sub
Public Function f1(ByRef  x)
  x=x*x
  f1=x+x
End Function
Public Function f2(ByVal  x)
  x=x*x
  f1=x+x+x
End Function
```

程序运行后，在文本框中输入 6，然后单击命令按钮，窗体上显示的是（ ）。

A. 72 36
B. 108 36

C. 72 6
D. 108 6

9. 下面程序段，运行后的结果是（　　）。

```
Private Sub Command1_Click()
  Dim b%(1 To 4),i%,t#
  For i=1 To 4
    b(i) =i
  Next i
  t=Tof(b())
  Print "t=" ; t,
End Sub
Function Tof(a()As Integer)
  Dim t# , i%
  t=1
  For i=2 To UBound(a)
    t=t *a(i)
  Next i
  Tof=t
End Function
```

A. t=18   B. t=24

C. t=30   D. t=32

二、填空题

1. 以下是一个计算矩形面积的程序，调用过程计算矩形面积，请将程序补充完整。

```
Sub RecArea(L , W)
  Dim S As Double
  S=L * W
  MsgBox "Total Area is" & Str(S)
End Sub
Private Sub Command1_Click()
  Dim M,N
  M=InputBox("What is the L? ")
  M=Val(M)
  ____
  N=Val(N)

  ____
End Sub
```

2. 在窗体上画一个名称为 Command1 的命令按钮，然后编写如下程序：

```
Option Base 1
Private Sub Command1_Click()
  Dim a(10)As Integer
  For i=1 To 10
    a(i)=i
  Next
  Call swap ____
  For i=1 To 10
```

```
    print a(i);
  Next
End Sub
Sub swap(b()As Integer)
  n= _____
  For i=1 To n/2
    t=b(i)
    b(i)=b(n)
    b(n)=t
    _____
  Next
End Sub
```

上述程序的功能是，通过调用过程 swap，调换数组中数值的存放位置，即 a(1)与 a(10)的值互换，a(2)与 a(9)的值互换，……，a(5)与 a(6)的值互换。请填空。

3．设有以下函数过程：

```
Function fun(m As Integer)As Integer
  Dim k As Integer , sum As Integer
  sum=0
  For k=m To 1 Step-2
    sum=sum+k
  Next k
  fun=sum
End Function
```

若在程序中用语句 s=fun(10)调用此函数，则 s 的值为_____。

4．在窗体上画一个名称为 Commandl 的命令按钮，然后编写如下通用过程和命令按钮的事件过程：

```
Private Function f(m As Integer)
  If m Mod 2=0 Then
    f=m
  Else
    f=1
  End If
End Function
Private Sub Commandl_Click()
  Dim i As Integer
  s=0
  For i=1 To 5
    s=s+f(i)
  Next
  Print s
End Sub
```

程序运行后，单击命令按钮，在窗体上显示的是_____。

三、编程题

1．利用子过程编写计算圆面积的程序。

2．编写判断奇偶数函数过程。输入一个整数，判断其奇偶性。

3．编制求两数中较大数的 Function 过程，利用该函数过程求 3 个数的最大数。

4．编写随机整数函数过程，产生 30 个 1～100 之内的随机数。

5．使用递归调用，作出如图 8-22 所示的图形。图中分别由若干大小不等、形状相同的三角形构成。形成该图的方法是从一个大的等边三角形开始，将其三条边的中点进行连线，分成相同的 4 个三角形，对除中间外的 3 个三角形再重复上述过程，直到达到满足给定条件的底层为止。

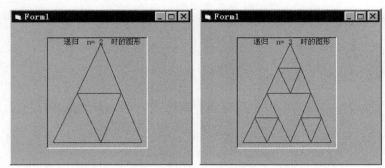

图 8-22　使用递归作出图形

菜单和工具栏设计

　　菜单和工具栏是应用程序的重要组成部分。菜单的作用是组织和调用应用程序中的各个程序模块，工具栏则提供了对应用程序中最常用菜单命令的快速访问。菜单和工具栏往往具有非常紧密的联系。一个好的应用程序应该有菜单和工具栏，以方便用户进行操作。VB 提供了功能强大且方便快捷的菜单和工具栏设计功能，让用户能够轻松地创建出具有专业水准的菜单系统和工具栏。

　　本单元将通过若干教学任务，介绍 VB 菜单和工具栏的设计方法。主要内容包括：
　　➢ 下拉式菜单、弹出式菜单的程序设计方法。
　　➢ 工具栏的程序设计方法。
　　➢ 滚动条的程序设计。

任务 9.1　菜单设计

➡ 任务导入

　　菜单是 Windows 下应用程序的主要元素。当应用程序较复杂时，只提供几个命令按钮、单选钮、复选框等控件供用户选择就不够了，此时就应该设计菜单，以向用户提供应用程序的各项功能。菜单的基本作用有两个，一是提供人机对话的接口，以便让用户选择应用系统的各种功能；二是管理应用系统，控制各种功能模块的运行。

　　一个高质量的菜单程序，不仅要使界面美观，还要方便用户使用，并可避免由于误操作而带来的严重后果。菜单一般分为两种基本类型：下拉式菜单和弹出式菜单。

　　本任务学习下拉式菜单和弹出式菜单的程序设计方法。

➡ 学习目标

　　➢ 了解下拉式菜单和弹出式菜单各自的特点。
　　➢ 会设计下拉式菜单。
　　➢ 会设计弹出式菜单。

➡ 任务实施

1. 菜单的两种基本类型

　　下拉式菜单是一种典型的窗口式菜单，一般通过单击窗口菜单栏中的菜单标题的方式打开。例如，在 VB 窗口中，单击"文件""编辑""视图"等菜单时所显示的就是下拉式菜单，如图 9-1 所示的"视图"菜单。

在下拉式菜单系统中，主要包括以下内容。

➤ 菜单标题：菜单栏（位于窗口标题栏的下方）中包括一个或多个选择项，分别称为菜单标题或主菜单项。

➤ 菜单命令：当单击一个菜单标题时，一个包含若干个菜单项的列表（菜单）被打开，这些菜单项称为菜单命令或子菜单项。

➤ 分隔条：根据功能的不同，菜单命令多以分隔条隔开。

➤ ▶符号：有的菜单命令右端具有▶符号，当鼠标指针指向该菜单命令时，会出现下级子菜单。

➤ ✓符号：有的菜单命令的左边有✓符号，表示该菜单命令正在起作用。

图 9-1　下拉式菜单

弹出式菜单（也称右键菜单、快捷菜单），是当用户在一个对象上单击鼠标右键时弹出的菜单，可以在窗口的某个位置显示，因此，用户可以利用弹出式菜单更方便快捷地操作。

一般来说，在不同的对象或区域单击鼠标右键，其弹出式菜单的内容是不同的。如图 9-2 所示是分别在控件和窗体上，单击鼠标右键时所显示的弹出式菜单。

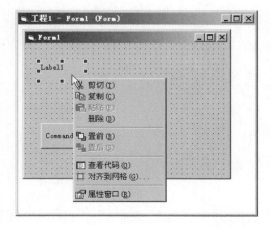

图 9-2　弹出式菜单

2. 下拉式菜单的设计步骤

利用菜单编辑器可以在窗体中建立下拉式菜单，设计步骤如下：

① 新建一个窗体，并设计用户界面。

② 利用菜单编辑器设计各菜单项。

③ 利用代码编辑窗口编写每一菜单项的事件过程。

④ 运行调试各菜单命令。

3. 建立简单的下拉式菜单

在 VB 中，菜单是一个控件，与其他控件一样，它具有定义其外观与行为的属性。在设计或运行时可以设置 Caption 属性、Enabled 属性、Visible 属性、Checked 属性及其他属性。

菜单控件只包含一个事件，即 Click 事件，当用鼠标或键盘选中该菜单控件时，将调用该事件。与其他控件不同的是，菜单控件不在 VB 的工具箱中，需要在 VB 的"菜单编辑器"中进行菜单的设计。

进入菜单编辑器可以采用下面 4 种方法之一。

➢ 单击"工具"菜单→"菜单编辑器"命令。

➢ 单击工具栏中的"菜单编辑器"按钮 🗐。

➢ 在要建立菜单的窗体上单击鼠标右键，在弹出的快捷菜单中选择"菜单编辑器"命令。

➢ 按下快捷键 Ctrl+E。

【实例 9.1】

如图 9-3 所示，在窗体上建立简单的下拉式菜单。

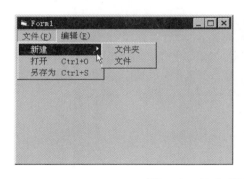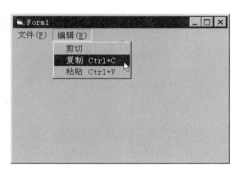

图 9-3　建立简单的下拉式菜单

【实现步骤】

① 单击"工具"菜单→"菜单编辑器"命令，打开"菜单编辑器"窗口，如图 9-4 所示。

② 在"标题"栏中输入"文件（&F）"，在菜单项显示区中出现同样的标题名称。按 Tab 键（或用鼠标）把输入光标移到"名称"栏，在"名称"栏中输入 file，此时菜单项显示区中没有变化。

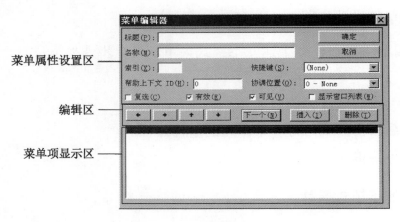

菜单属性设置区

编辑区

菜单项显示区

图 9-4 "菜单编辑器"窗口

③ 单击编辑区中的"下一个"按钮 ↓，菜单项显示区中的条形光标下移，同时菜单属性设置区的"标题"栏及"名称"栏被清空，光标回到"标题"栏。

④ 在"标题"栏中输入"新建"，该信息同时在菜单项显示区中显示出来，用 Tab 键或鼠标把光标移到"名称"栏，输入 new，单击编辑区的右箭头 →，菜单显示区中的"新建"右移，同时其左侧出现一个内缩符号（....），表明"新建"是"文件"的下一级菜单。

⑤ 依次输入菜单中的各项，如果需要指定快捷键，可以单击"快捷键"栏右端的箭头，从中选出。例如，为"粘贴"菜单项选中"Ctrl+V"作为其快捷键。设计完成后的窗口如图 9-5 所示。

⑥ 单击"确定"按钮，完成菜单的建立工作。

⑦ 单击工具栏上的"运行"按钮 ▶，运行结果如图 9-3 所示。

图 9-5 在"菜单编辑器"窗口建立下拉菜单

4. 常用的下拉式菜单程序设计

【实例 9.2】

如图 9-6 所示，利用下拉式菜单为标签中的文本内容设置不同的字体和风格。

【实现步骤】

① 建立用户界面及设置对象属性，如图 9-7 所示。

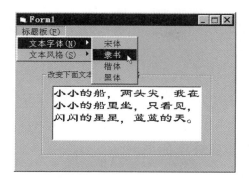
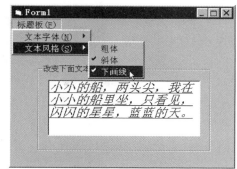

图 9-6 利用菜单控制标签显示风格

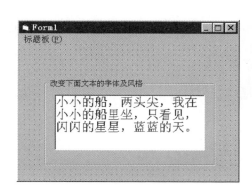

图 9-7 设计用户界面及设置对象属性

其中，菜单编辑器中各菜单项的设置如表 9-1 所示。

表 9-1 菜单项的设置

标题（Caption）	名称（Name）	说　明
标题板(&F)	Menu	主菜单项 1
....文本字体(&N)	Nam	子菜单项 12
....宋体	song	子菜单项 121
....隶书	li	子菜单项 122
....楷体	kai	子菜单项 123
....黑体	hei	子菜单项 124
....文本风格(&S)	Styl	子菜单项 13
....粗体	Bld	子菜单项 131
....斜体	Itl	子菜单项 132
....下画线	Undrln	子菜单项 133

② 编写菜单项代码。

"文本字体"中 4 个菜单选项的 Click 事件代码分别如下：

```
Private Sub song_Click()
    Label1.FontName = "宋体"
End Sub
Private Sub li_Click()
    Label1.FontName = "隶书"
End Sub
```

```
Private Sub kai_Click()
  Label1.FontName = "楷体_GB2312"
End Sub
Private Sub hei_Click()
  Label1.FontName = "黑体"
End Sub
```

"文本风格"中 3 个菜单选项的 Click 事件代码分别如下：

```
Private Sub bld_Click()
  bld.Checked = Not bld.Checked
  Label1.FontBold = bld.Checked
End Sub
Private Sub Itl_Click()
  Itl.Checked = Not Itl.Checked
  Label1.FontItalic = Itl.Checked
End Sub
Private Sub Undrln_Click()
  Undrln.Checked = Not Undrln.Checked
  Label1.FontUnderline = Undrln.Checked
End Sub
```

运行程序，结果如图 9-6 所示。

5．动态菜单的程序设计

VB 设计的菜单可以根据程序的运行状态动态地进行调整。当菜单项所指示的操作不适合当前的环境时，可以暂时将其关闭，不让用户选择该菜单项，也可以干脆将它隐藏起来，就像根本没有这个菜单项一样，等到条件成熟时，再重新显示被隐藏的菜单项。

 【实例 9.3】

如图 9-8 所示，设计菜单程序。当文本框中没有任何文字时，"字号"菜单中的各项均为灰色显示，表示当前不可用。当用户向文本框中输入文字后选择某菜单项时，可将文字大小设为对应值，并在当前活动项的前面加一个"√"。如果用户选择了"14"项时，"10"将被隐藏，并添加菜单项"16"，其功能与其他菜单项相同。当用户重新选择"12"时，"16"将被删除，并恢复"10"的可见性，即文字最大为 16，最小为 10，菜单中只能同时存在 3 个选项。

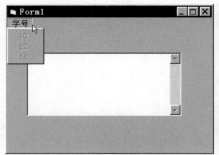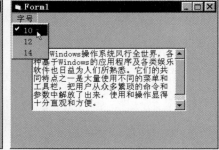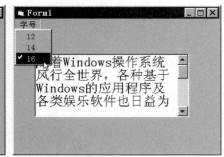

图 9-8　设计文本编辑菜单

【实现步骤】

① 建立用户界面。

在窗体中添加一个标题为"字号"的菜单，其中包含"10""12""14"三个选项组成的菜单控件数组，索引值分别设为1、2、3，如图9-9所示。

在窗体中添加一个文本框，并调整大小。

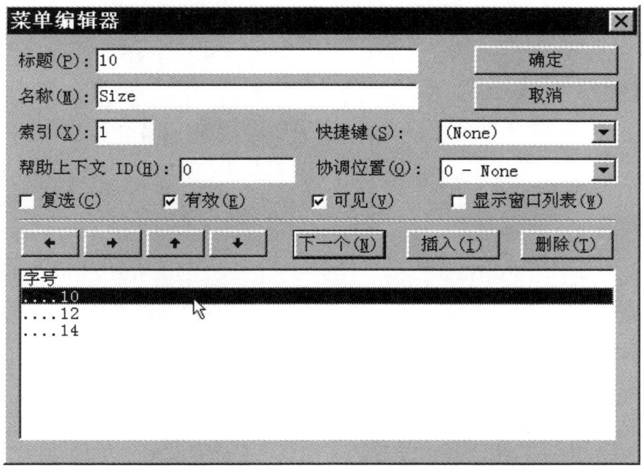

图9-9 设计"字号"菜单

② 设置对象属性。

菜单各项的属性设置，如表9-2所示。

表9-2 设置菜单项

标题（Caption）	名称（Name）	索引(Index)	说　　明
字号	Main		主菜单项
....10	Size	1	菜单项1
....12	Size	2	菜单项2
....14	Size	3	菜单项3

将文本框Text1的MultiLine属性设为"True"，允许多行显示，将ScrollBars属性设为2（带垂直滚动条）。

③ 编写事件代码。

编写菜单标题"字号"的Click事件代码：

```
Private Sub Main_Click()
  If Text1.Text = "" Then          '若文本中没有任何文字
    Size(1).Enabled = False        '设置3个菜单项灰色显示，不可用
    Size(2).Enabled = False
    Size(3).Enabled = False
  Else
    Size(1).Enabled = True
    Size(2).Enabled = True
    Size(3).Enabled = True
  End If
End Sub
```

编写各菜单项的 Click 事件代码：

```
    Private Sub Size_Click(Index As Integer)
      Select Case Index
      Case 1                              ' 单击"10"项时
        Size(3).Checked = False
        Size(2).Checked = False
        Size(1).Checked = True
        Text1.FontSize = 10
      Case 2                              ' 单击"12"项时
        Size(1).Visible = True            ' 被隐藏的"10"再现
        Size(1).Checked = False
        Size(3).Checked = False
        Size(2).Checked = True
        Text1.FontSize = 12
        If a = 1 Then
          Unload Size(4)                  ' 若"16"已装载，则删除"16"
          a = 0
        End If
      Case 3                              ' 单击"14"项时
        Size(2).Checked = False
        Size(1).Checked = False
        Size(3).Checked = True
        Text1.FontSize = 14
        Size(1).Visible = False
        If a = 0 Then                     ' 若"16"未装载，则添加新菜单项 Size(4)
          Load Size(4)
          a = 1
          Size(4).Visible = True
          Size(4).Caption = "16"          ' 将新添加项的标题设为"16"
        Else
          Size(4).Checked = False
        End If
      Case 4                              ' 单击"16"项时
        Size(2).Checked = False
        Size(3).Checked = False
        Size(4).Checked = True
        Text1.FontSize = 16
      End Select
    End Sub
```

运行程序，结果如图 9-8 所示。

6. 弹出式菜单的设计步骤

设计弹出式菜单的步骤可以分为两步。

① 使用菜单编辑器建立菜单，此步骤与前面介绍的建立下拉菜单的方法一样，只是必

须把主菜单的"可见"栏 Visible 属性设置为 False，其子菜单项的 Visible 属性不要设置为 False。

② 利用窗体的 PopupMenu 方法显示弹出式菜单。

7．弹出式菜单的相关知识

在设计弹出式菜单时，要注意使用下面两项内容。

① 修改 Visible 属性。

在"菜单编辑器"窗口中，选择主菜单，单击"可见"复选框，取消其前面的"√"（默认状态下该项被选中）。

② 使用 PopupMenu 方法。

不论是在窗口顶部菜单条上显示的菜单，还是隐藏的菜单，都可以用 PopupMenu 方法将它们作为快捷菜单在程序运行期间显示出来，语法为

```
[〈窗体名〉.] PopupMenu〈菜单名〉[, Flags [,x [, y [, Boldcommand ]]]]
```

说明：

① 省略〈窗体名〉，将打开当前窗体的菜单。

②〈菜单名〉指通过菜单编辑器设计的菜单（至少有一个子菜单项）的名称（Name）。

③ Flags 参数为一些常量数值的设置，包含位置及行为两个指定值，如表 9-3 和表 9-4 所示。两个常数可以相加或以 Or 相连。

④ Boldcommand 参数可以指定在显示的弹出式菜单中想以粗体字体出现的菜单项的名称。在弹出式菜单中只能有一个菜单项被加粗。

表 9-3　位置常数

位 置 常 数	说　　明
0（默认）	菜单左上角位于 X
4	菜单上框中央位于 X
8	菜单右上角位于 X

表 9-4　行为常数

行 为 常 数	说　　明
0（默认）	菜单命令只接受鼠标右键单击
2	菜单命令可接受鼠标左、右键单击

8．弹出式菜单的设计实例

 【实例 9.4】

如图 9-10 所示，为文本框增加一个弹出式菜单，该菜单中包含 3 个选项，分别是"红色""蓝色""绿色"，单击相应的选项后可以改变文本框中文字的颜色。

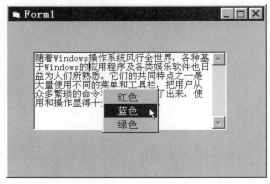

图 9-10　用弹出式菜单改变文本颜色

【实现步骤】

① 建立用户界面。

添加一个文本框控件 Text1。在"菜单编辑器"窗口中添加一个标题为"颜色"、名为"Color"的主菜单。向其中添加"红色"（Red）、"蓝色"（Blue）和"绿色"（Green）3 个菜单项。

将顶级菜单的 Visible 属性设为 False（将"可见"前面的"√"去掉，使其不可见），如图 9-11 所示。

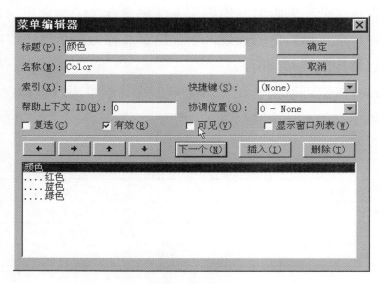

图 9-11　设置弹出式菜单的属性

② 编写事件代码。

编写文本框 Text1 的 MouseDown（鼠标按下）事件代码：

```
Private Sub Text1_MouseDown(Button As Integer, Shift As Integer, X As
    Single, Y As Single)
  If Button = 2 Then                      ' 在文本框中单击鼠标右键，弹出快捷菜单
    PopupMenu Color, 4 Or 2               ' flags 的两个参数值用 Or 运算符连接
  End If
End Sub
```

编写"红色"菜单项 Red 的 Click 事件代码：

```
Private Sub Red_Click()
  Text1.ForeColor = vbRed                 ' 将文本框中的文字颜色设为红色
```

```
                End Sub
```

编写"蓝色"菜单项 Blue 的 Click 事件代码：

```
Private Sub Blue_Click()
    Text1.ForeColor = vbBlue            ' 将文本框中的文字颜色设为蓝色
End Sub
```

编写"绿色"菜单项 Green 的 Click 事件代码：

```
Private Sub Green_Click()
    Text1.ForeColor = vbGreen           ' 将文本框中的文字颜色设为绿色
End Sub
```

运行程序，结果如图 9-10 所示。

 任务 9.2　工具栏设计

▶ 任务导入

工具栏为用户提供了应用程序中最常用的菜单命令的快速访问，增强了应用程序菜单系统的可操作性。

工具栏的制作有两种方法：一是使用命令按钮和图片框来手工制作；二是通过使用 ToolBar 控件和 ImageList 控件来制作。本任务学习使用这两种方法制作工具栏。

▶ 学习目标

➢ 会用命令按钮和图片框手工制作工具栏。

➢ 会使用 ToolBar 控件和 ImageList 控件制作工具栏。

▶ 任务实施

1．手工制作工具栏的一般步骤

手工制作工具栏的一般步骤和注意事项如下：

① 在窗体界面上，添加一个图片框，将该图片框作为工具按钮的容器。

② 设置图片框的 Align 属性以便控制工具栏（图片框）在窗体中的位置。当改变窗体的大小时，图片框（Align 属性值非 0）会自动地改变大小以适应窗体的宽度或高度。

③ 选定图片框，在图片框中添加需在工具栏中显示的控件。通常使用的控件有命令按钮、图形方式的单选钮和复选框按钮、下拉列表框等。

④ 设置控件属性。通常在工具按钮上通过不同的图像来表示对应的功能，还可以设置按钮的 ToolTipText 属性为工具按钮添加工具提示。

⑤ 编写代码。由于工具按钮通常用于提供对其他（菜单）命令的快捷访问，所以一般都是在其 Click 事件代码中调用对应的菜单命令。

2. 手工方式设计工具栏实例

 【实例 9.5】

如图 9-12 所示，为文本框添加一个简单的工具栏。通过工具栏中的按钮，改变文本字体的大小。

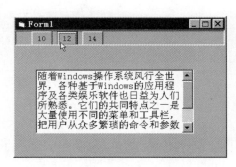 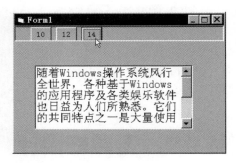

图 9-12　通过工具栏改变字体大小

【实现步骤】

① 建立用户界面。

在窗体中添加一个作为容器使用的图片框，在其中添加由 3 个命令按钮组成的按钮组 Command1(0)～Command1(2)。再增加一个文本框控件 Text1。

② 设置对象属性。

将图片框的 Align 属性设为 1（图片框贴于窗体的顶部）。按钮的 Caption 属性分别设为"10""12""14"。文本框 Text1 的 MultiLine 属性设为"True"，允许多行显示，将 ScrollBars 属性设为 2（带垂直滚动条）。

③ 编写事件代码。

编写命令按钮 Command1 的 Click 事件代码：

```
Private Sub Command1_Click(index As Integer)
 n = index
 Select Case n                    ' 单击命令按钮时调用对应的菜单命令
   Case 0
     Text1.FontSize = 10
   Case 1
     Text1.FontSize = 12
   Case 2
     Text1.FontSize = 14
 End Select
End Sub
```

运行程序，结果如图 9-12 所示。

3. 使用 Toolbar 控件设计工具栏

 【实例 9.6】

如图 9-13 所示，利用 Toolbar 制作工具栏，单击工具栏中的"加粗""斜体""下画线"

按钮，就能执行相应的操作，工具按钮带有对应的工具提示。

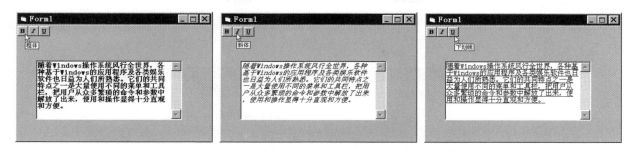

图 9-13　Toolbar 控件生成的工具栏

【实现步骤】

① 建立用户界面。

➢ 添加 Toolbar 控件。工具栏控件是 VB 专业版和企业版所特有的 ActiveX 控件，可以将其添加到工具箱中，以便在工程中使用。选择"工程"菜单→"部件"，打开"部件"对话框，选中 Microsoft Windows Common Controls 6.0，单击"确定"按钮。这时，已在工具箱中增加了一组控件，如图 9-14 所示，其中用来创建工具栏的控件是 Toolbar 控件与 ImageList 控件。

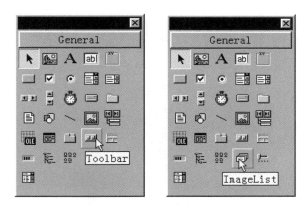

图 9-14　添加到工具箱中的 Toolbar 控件与 ImageList 控件

➢ 双击工具箱中的 Toolbar 控件向窗体中添加工具栏控件，双击其中的"ImageList"按钮向窗体中添加图像列表控件。

➢ 向窗体中添加一个文本框控件 Text1。

② 设置对象属性。

➢ 将文本框 Text1 的 MultiLine 属性设为"True"，允许多行显示，将 ScrollBars 属性设为 2（带垂直滚动条）。

➢ 将鼠标指向 ImageList 控件，单击鼠标右键，在弹出的快捷菜单中选择"属性"，打开"属性页"对话框，选择"图像"选项卡，单击"插入图片"按钮，从 C:\Program Files\Microsoft Visual Studio\Common\Graphics\Bitmaps\TlBr_W95 文件夹中选出需要的图像，如图 9-15 所示。

➢ 在窗体中的工具栏上单击鼠标右键，在弹出的快捷菜单中选择"属性"命令，打开工具栏的"属性页"对话框，在"图像列表"选项中选取 ImageList1，建立与图像列表框的关联。选择"按钮"选项卡，单击其中的"插入按钮"按钮，向工具栏中添加 3 个工具按钮，索引值分别为 1、2、3，关键字分别为 B、I、U，对应图像的索引值分别为 1、2、3，将工具提示文本分别设为"粗体""斜体""下画线"，如图 9-16 所示。

图 9-15　向图像列表框中添加图片

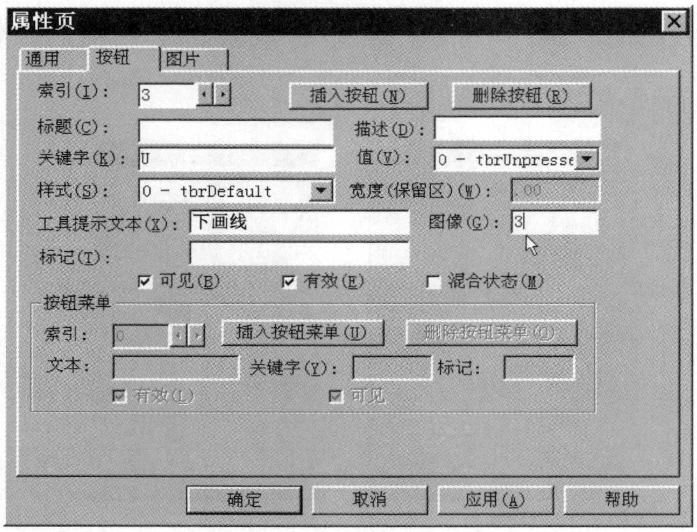

图 9-16　建立与图像列表框的关联

③ 编写事件代码。

编写工具栏 Toolbar1 的 ButtonClick（响应）事件代码：

```
Private Sub Toolbar1_ButtonClick(ByVal Button As MSComctlLib.Button)
  Select Case Button.Index
    Case 1
      Text1.FontBold = True
    Case 2
      Text1.FontItalic = True
    Case 3
      Text1.FontUnderline = True
  End Select
End Sub
```

运行程序，结果如图 9-13 所示。

任务 9.3 滚动条控件 ScrollBar

任务导入

滚动条（ScrollBar）通常用来提供简便的定位，它可以模拟当前所在的位置或作为输入设备，或者速度、数量的指示器来使用。例如，可以用来控制音乐播放的进度、音量以及查看定时处理中已用的时间。

本任务学习滚动条的设计方法。

学习目标

➢ 了解滚动条控件的类型。

任务实施

1. 滚动条控件的类型

VB 的 ScrollBar（滚动条）控件不同于 Windows 中内部的滚动条，也不同于 VB 中附加在文本框、列表框、组合框或 MDI 窗体上的滚动条。滚动条控件为不能自动支持滚动的应用程序和控件提供了滚动功能。另外，还可以用滚动条作为输入设备。

滚动条有水平和垂直两种，可以通过水平滚动条（HScrollBars）和垂直滚动条（VScrollBars）工具来建立，如图 9-17 所示。

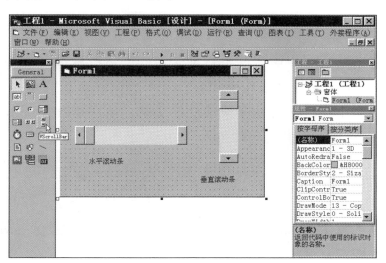

图 9-17 水平滚动条和垂直滚动条

除了方向之外，水平滚动条和垂直滚动条的动作是相同的。

➢ 水平滚动条：水平滚动条的滑块在最左端代表最小值 Min，由左向右移动时，代表的值随之递增，在最右端代表最大值 Max。

➢ 垂直滚动条：垂直滚动条的滑块在最上端代表最小值 Min，由上向下移动时，代表的值随之递增，到最下端为最大值 Max。

2. 滚动条控件的常用属性

（1）Min、Max 属性

Min 和 Max 属性用来返回或设置滚动条所能代表的最小值和最大值，其取值范围为 -32768～32767。Min 属性的默认值为 0，Max 属性的默认值为 32767。

（2）Value 属性

Value 属性用来返回或设置滚动条的当前位置，其返回值始终介于 Max 和 Min 属性值之间，包括这两个值。

（3）LargeChange 属性

LargeChange 属性用来返回或设置单击滚动框和滚动箭头之间的区域时，滚动条控件 Value 属性值的改变量。例如，若设置 LargeChange 属性值为 20，则单击水平滚动框左边的区域时，滚动条的 Value 属性值将递减 20；若单击滚动框右边的区域，则 Value 属性值将递增 20。该属性的默认值为 1。

（4）SmallChange 属性

SmallChange 属性用来返回和设置当用户单击滚动箭头时，滚动条控件 Value 属性值的改变量。当单击滚动条两端的箭头按钮时，滚动条的值将按最小改变量进行递增或递减。该属性的默认值为 1。

3. 滚动条控件的常用事件

滚动条控件可以识别的事件中，较重要的是 Change 事件和 Scroll 事件。

（1）Change 事件

在程序运行过程中，每当滚动条的 Value 属性发生变化时，就发生 Change 事件。而每当用户用鼠标单击滚动箭头、单击滚动框与箭头之间的区域或沿着滚动条拖拉滚动框的动作结束时，滚动条的 Value 属性就发生变化。

在实际应用中，由于在单击滚动条或滚动箭头时，将产生 Change 事件，因此常利用 Change 事件来获得滚动条变化后的最终值。

（2）Scroll 事件

尽管拖动滚动框会引起 Value 属性发生变化，从而触发 Change 事件，但在滚动条内拖动滚动框的过程中并不发生 Change 事件。此时将触发产生滚动条的 Scroll（滚动）事件。当然滚动框的位置改变后，又将触发产生 Change 事件。

在实际编程中，常用 Scroll 事件过程来跟踪滚动条在拖动时数值的动态变化。

4. 简单的滚动条设计

 【实例 9.7】

如图 9-18 所示，在窗体上建立一个滚动条控件，当拖动滚动条时，在文本框中显示滑块当前位置代表的值。

【实现步骤】

① 建立用户界面和设置对象属性。

在窗体上建立一个水平滚动条和一个文本框（用来显示滑块当前位置所代表的值），如图 9-19 所示。

图 9-18　滚动条简单实例

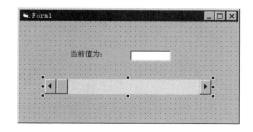

图 9-19　建立界面

② 编写事件代码。

为了让文本框能够及时显示滑块当前位置所代表的值，必须有下面的事件过程代码：

```
Private Sub HScroll1_Change()
  HScroll1.Max = 200
  HScroll1.Min = 1
  HScroll1.SmallChange = 1
  HScroll1.LargeChange = 5
  Text1.Text = HScroll1.Value
End Sub
```

运行程序，结果如图 9-18 所示。

5. 设计调色板

 【实例 9.8】

如图 9-20 所示，利用滚动条控制色彩，并且返回色彩的 RGB 值。

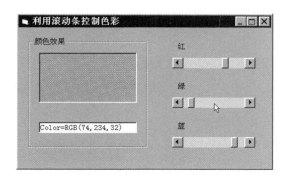

图 9-20　调色板

【实现步骤】

① 分析：本题的运行效果要达到当直接修改文本框中的 RGB 设置时，可以得到相应的色彩；当单击滚动条时，也可得到所需的色彩，并可返回相应的 RGB 设置。

② 建立应用程序用户界面。

选择"新建"工程，进入窗体设计器。首先增加一个框架 Frame1，激活 Frame1 后，在其中增加一个图片框 Picture1、一个文本框 Text1、一个水平滚动条控件数组 HScroll1(0)～HScroll1(2)和一个标签控件数组 Label1(0)～Label1(2)。

③ 设置对象属性，如表 9-5 所示。

表 9-5　属性设置

对　象	属　性	属　性　值
Hscroll1(0)～Hscroll1(2)	LargeChange	32
	SmallChange	4
	Max	0
	Min	255
	Value	255
Label1(0)～Label1(2)	Caption	依次为红、绿、蓝
Frame1	Caption	利用滚动条控制色彩
Text1	Text	Color = RGB(255,255,255)

设置界面和对象属性后如图 9-21 所示。

图 9-21　建立用户界面

④ 编写事件代码。

水平滚动条 HScroll1 的事件代码如下：

```
Private Sub HScroll1_Change(Index As Integer)
    Picture1.BackColor = RGB(HScroll1(0), HScroll1(1), HScroll1(2))
    r = LTrim(Str(HScroll1(0)))
    g = LTrim(Str(HScroll1(1)))
    b = LTrim(Str(HScroll1(2)))
    Text1.Text = "Color=RGB(" & r & "," & g & "," & b & ")"
End Sub
```

文本框 Text1 的 GotFocus 事件代码如下：

```
Private Sub Text1_GotFocus()
    Text1.SelStart = 10
End Sub
```

文本框 Text1 的 KeyPress 事件代码如下：

```
Private Sub Text1_KeyPress(KeyAscii As Integer)
If KeyAscii = 13 Then
    a = InStr(10, Text1.Text, ",")
    b = InStr(a + 1, Text1.Text, ",")
```

```
        c = InStr(b + 1, Text1.Text, ")")
        HScroll1(0) = Val(Mid(Text1.Text, 11, a - 10))
        HScroll1(1) = Val(Mid(Text1.Text, a + 1, b - a))
        HScroll1(2) = Val(Mid(Text1.Text, b + 1, c - b - 1))
    End If
 End Sub
```

说明：

① 函数 InStr（n,〈字符串 1〉,〈字符串 2〉）从字符串 1 第 n 个位置开始查找字符串 2 首次出现的位置，并返回一个整数。

② 控件也有默认值，大多数的控件都默认为其值属性。因此：

```
    VScroll1(0) = Val(Mid(Text1.Text, 11, a - 10))
```

相当于：

```
    VScroll1(0).Value = Val(Mid(Text1.Text, 11, a - 10))
```

程序运行结果如图 9-20 所示。

巩固与提高 9

一、选择题

1. 下列说法正确的是（　　）。

　　A. 任何时候都可以使用标准工具栏的"菜单编辑器"按钮打开菜单编辑器

　　B. 只有当代码编辑窗口为当前活动窗口时，才能打开菜单编辑器

　　C. 只有当某个窗体为当前活动窗体时，才能打开菜单编辑器

　　D. 任何时候都可以使用"工具"菜单→"菜单编辑器"命令，打开菜单编辑器

2. 以下叙述中错误的是（　　）。

　　A. 下拉式菜单和弹出式菜单都用菜单编辑器建立

　　B. 在多窗体程序中，每个窗体都可以建立自己的菜单系统

　　C. 除分隔线外，所有菜单项都能接收 Click 事件

　　D. 如果把一个菜单项的 Enabled 属性设置为 False，则该菜单项不可见

3. 设菜单中有一个菜单项为"Open"。若要为该菜单命令设置访问键，即按下 Alt 及字母 O 时能够执行"Open"命令，则在菜单编辑器中设置"Open"命令的方式是（　　）。

　　A. 把 Caption 属性设置为&Open　　　　B. 把 Caption 属性设置为 O&pen

　　C. 把 Name 属性设置为&Open　　　　　D. 把 Name 属性设置为 O&pen

4. 设在菜单编辑器中定义了一个菜单项，名为 menu1。为了在运行时隐藏该菜单项，应该使用的语句是（　　）。

　　A. menu1.Enabled=True　　　　　　　B. menu1.Enabled=False

　　C. menu1.Visible=True　　　　　　　 D. menu1.Visible=False

5. 要使菜单项 MenuOne 在程序运行时失效，使用的语句是（　　）。

　　A．MenuOne.Visible = True　　　　B．MenuOne.Visible = False

　　C．MenuOne.Enabled = True　　　　D．MenuOne.Enabled = False

6．以下关于菜单的叙述中，错误的是（　　　）。

　　A．在程序运行过程中可以增加或减少菜单项

　　B．如果把一个菜单项的 Enabled 属性设置为 False，则可删除该菜单项

　　C．弹出式菜单在菜单编辑器中设计

　　D．利用控件数组可以实现菜单的增加或减少

7．下列有关子菜单的说法中，错误的是（　　　）。

　　A．除了 Click 事件之外，菜单项不可以响应其他事件

　　B．每个菜单项都是一个控件，与其他控件一样也有其属性和事件

　　C．菜单项的索引号必须从 1 开始

　　D．菜单的索引号可以不连续

二、填空题

1．菜单编辑器可分为 3 个部分，即数据区、＿＿＿＿和菜单项显示区。

2．在菜单编辑器中建立一个菜单，其主菜单项的名称为 mnuEdit，Visible 属性为 False。程序运行后，如果用鼠标右键单击窗体，则弹出与 MnuEdit 对应的菜单，以下是实现上述功能的程序，请填空。

```
Private Sub Form _____(Button As Integer,Shift As In teger,X As Single,Y
    As Single)
  If Button=2 Then
      _____ mnuEdit
  End If
End Sub
```

3．在菜单编辑器中建立了一个菜单，名为 pmenu，用下面的语句可以把它作为弹出式菜单弹出，请填空。

```
Form1._____ pmenu
```

三、编程题

1．利用弹出式菜单，改变字体，如图 9-22 所示。

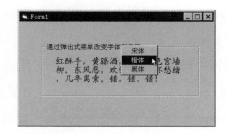

图 9-22　弹出式菜单

2．设计菜单程序。在菜单栏中有"程序"和"附件"两个菜单。其中"程序"菜单中包含有"Word"、"Excel"和"PowerPoint"3 个选项。"附件"菜单中包含有"画图"和"游戏"两个选项，而"游戏"子菜单中又包含有"纸牌"和"扫雷"两个选项。当用户选择了"程序"或"附件"中的某一选项时，应能启动相应的程序。

对话框设计

对话框是 Windows 应用程序和用户交互的重要手段，通过对话框可以输入必要的数据，或向用户显示信息。对话框是一种特殊类型的窗体对象，在 VB 应用程序中，对话框分为以下 3 类：

① 预定义对话框：利用 InputBox 和 MsgBox 函数建立的输入对话框和消息对话框。

② 自定义对话框：使用窗体和标准控件由用户根据需要进行设计的对话框。

③ 通用对话框：使用 VB 系统提供的 CommonDialog 控件创建的标准对话框。

在单元 4 中已介绍过预定义对话框，本单元将通过若干教学任务介绍自定义对话框和通用对话框的设计方法。主要内容包括：

➤ 窗体自定义对话框的设计方法。

➤ 使用 CommonDialog 控件创建打开、保存、字体、打印等通用对话框的方法。

➤ 文件系统控件（驱动器列表框、文件夹列表框和文件列表框控件）的使用和程序设计方法。

任务 10.1　自定义对话框

⬤ 任务导入

对话框也是窗体的一种，可以使用添加窗体的方法创建对话框，对话框的外观和功能都由用户自己来设定，这就是自定义对话框。建立自定义对话框的方法：

① 设计对话框界面。设计对话框窗体，向窗体中添加相应的控件，调整控件布局，设置窗体和控件的属性。

② 利用窗体的 Show 方法，将窗体以模式对话框或无模式对话框的方式显示出来。

本任务学习创建自定义对话框的步骤和方法。

⬤ 学习目标

➤ 掌握创建窗体对话框的一般步骤。

➤ 学会创建自定义对话框的方法。

⬤ 任务实施

1. 创建自定义对话框的步骤

创建一个窗体对话框与一般窗体的建立方法基本相同，可按下面的步骤进行。

① 单击"工程"菜单→"添加窗体"命令，在弹出的"添加窗体"对话框中选择"对话框"或"窗体"，单击"打开"按钮，新建一个窗体对象。

② 按需要向窗体中添加所需的控件。对于有输入要求的对话框，至少应放置一个文本框用于数据输入。

一般来说，对话框应包含一个退出该对话框的命令按钮。通常有两个命令按钮：其中一个按钮用于开始执行动作，而另一个按钮用于关闭该对话框而不做任何改变。典型情况是，这两个按钮的 Caption 属性设置为"确定"与"取消"。

③ 设置窗体或控件对象的属性。对话框与一般的窗体在外观上不太一样，一般地，对话框没有控制菜单按钮和最大化、最小化按钮，不能改变它的大小。因此，应修改对话框的属性，如表 10-1 所示。

表 10-1　修改对话框属性

属　　性	值	说　　明
BorderStyle	1	边框类型为固定的单个边框，防止对话框在运行时被改变尺寸
ControlBox	False	取消控制菜单框
MaxButton	False	取消最大化按钮，防止对话框在运行时被最大化
MinButton	False	取消最小化按钮，防止对话框在运行时被最小化

④ 编写事件代码，组织各对象之间的关系。

2. 用 Show 方法显示对话框

对自定义对话框可以使用 Show 方法显示出来。Show 方法的语法格式为

```
[ 窗体名. ] Show [ 模式 ]
```

说明：

① [窗体名]为被显示的对话框窗体的名称。默认时，表示显示当前窗体。

② [模式]表示模式风格，是一个整数。其取值如表 10-2 所示。

表 10-2　模式参数

值	常　　量	说　　明
1	VbModal	模式
0	VbModeless	无模式（若 Style 参数默认时，表示无模式）

如将 frm1 作为模式对话框显示，使用代码：

```
frm1.Show vbModal
```

如将 frm2 作为无模式对话框显示，使用代码：

```
frm2.show
```

如果窗体显示为模式对话框，则只有对话框关闭后，Show 方法后的代码才能执行；如果窗体被显示为无模式对话框，在该窗体显示出来以后，Show 方法后面的代码紧接着就会执行。

3. 调用应用程序函数 Shell

在 VB 中，可以利用 Shell 函数，调用其他 Windows 下运行的应用程序，以便使 VB 应用程序更加灵活。

Shell 函数的语法格式为

```
Shell(〈文件名〉,〈窗口风格〉)
```

说明：

① 〈文件名〉，包括路径。它必须是可执行文件，其扩展名为.exe、.com、.bat 或.pif，其他文件不能用 Shell 函数调用，默认为.exe。

② 〈窗口风格〉决定程序所在窗口的风格。其值及其对应的风格：

1、5、9：表示正常方式，有焦点

2：表示最小化方式（默认），有焦点

3：表示最大化方式，有焦点

4、8：表示正常方式，无焦点

6、7：表示最小化方式，无焦点

Shell 函数调用某个应用程序并成功地执行后，返回一个任务标识（Task ID），它是执行程序的唯一标识。例如：

```
x = Shell("c:\winword\winword.exe", 3)
```

该语句调用"Word for Windows"，并把 ID（标识）返回给 x。注意，在具体输入程序时，ID 不能省略。上面的语句如果写成：

```
Shell("c:\winword\winword.exe", 3)
```

则是错误的，必须在前面加上"x ="（可以用其他变量名）。

4. 自定义对话框的程序设计实例

 【实例 10.1】

如图 10-1 所示，建立自定义对话框，使其能通过输入文件名（含路径）执行指定的程序，并能控制运行后对话框的风格。

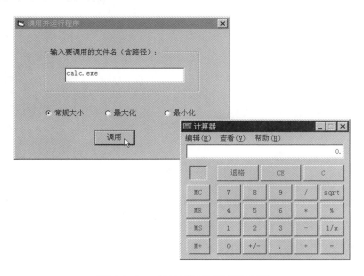

图 10-1　自定义对话框示例

【实现步骤】

① 单击"文件"菜单→"新建工程"命令，建立一个新工程文件，新建一个窗体对象。

② 在窗体上加载控件。在窗体上添加一个 Frame1 控件，选中该 Frame1 控件添加一个 Text1 控件；在窗体上添加 3 个单选钮 Option1～Option3，一个命令按钮 Command1。

③ 设置对象属性。

单击窗体，设置自定义对话框（窗体）的边界风格，用户可以根据运行对话框中的多少来安排对话框的大小，对话框的边界风格设置如表 10-3 所示。

表 10-3 自定义对话框边界风格设置

属　　性	属　性　值
Caption	调用并运行程序
ControlBox	True
BorderStyle	3—Fixed Dialog
MaxButton	False
MinButton	False

其他对象的属性设置如图 10-2 所示。

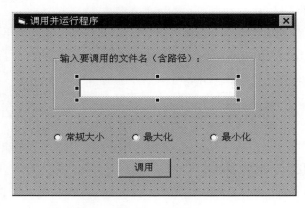

图 10-2 建立用户界面及设置属性

④ 编写事件代码。

编写"调用"命令按钮 Command1 的 Click 事件代码：

```
Private Sub Command1_Click()
  If Option1.Value Then
    x = Shell(Text1.Text, 1)          ' 以常规方式调用
  ElseIf Option2.Value Then
    x = Shell(Text1.Text, 3)          ' 以最大化方式调用
  ElseIf Option3.Value Then
    x = Shell(Text1.Text, 2)          ' 以最小化方式调用
  End If
End Sub
```

⑤ 运行程序，在对话框中输入文件所在的路径及文件名，如输入"Calc.exe"，单击"调用"按钮即可运行计算器程序，如图 10-1 所示。

任务 10.2 通用对话框

任务导入

基于 Windows 的应用程序大多都具有打开和保存文件，打印和打印设置，颜色和设置字体等操作。为了减轻程序员的工作量，同时也为建立统一的操作界面，VB 提供了一组常用的标准对话框界面。使用 CommonDialog 控件可以在窗体上创建 6 种标准（通用）对话框，它们分别为打开（Open）、另存为（Save As）、颜色（Color）、字体（Font）、打印（Printer）和帮助（Help）。

本任务学习创建打开（Open）、另存为（Save As）、颜色（Color）、字体（Font）、打印（Printer）和帮助（Help）这 6 种通用对话框的方法。

学习目标

➢ 会添加通用对话框控件。

➢ 会使用通用对话框控件进行打开或保存文件、选择颜色和字体、打印等操作。

任务实施

1．设置通用对话框属性

每种对话框都有自己特殊的属性，设置通用对话框属性的方法有下列几个。

① 在属性窗口中设置。

② 在代码中设置。

③ 在"属性页"对话框中设置。

在"属性页"对话框中设置对话框属性的方法如下。

① 在属性窗口中选择"（自定义）"，再单击右侧的"…"按钮，如图 10-3 所示，打开"属性页"对话框。

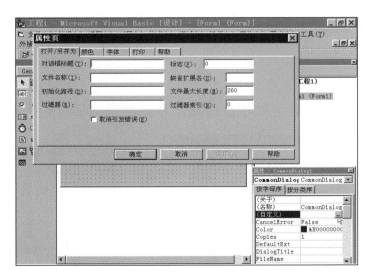

图 10-3 "属性页"对话框

② 在"属性页"对话框中有 5 个选项卡，对不同类型的对话框设置属性，就要选择不同的选项卡。如需对打开文件对话框设置，就要选择"打开/另存为"选项卡。

2．Action 功能属性

在通用对话框中，可以用 Action 属性直接决定打开何种类型的对话框。Action 属性的取值及其含义如下：

0—None：无对话框显示。

1—Open：打开文件对话框。

2—Save As：另存为对话框。

3—Color：颜色对话框。

4—Font：字体对话框。

5—Printer：打印对话框。

6—Help：Windows 帮助对话框。

 注意

Action 属性不能在属性窗口内设置，只能在程序中赋值，用于调出相应的对话框。

3．打开通用对话框的方法

VB 还提供了一组方法来打开通用对话框。共有 6 种方法指定相应的对话框，其名称及相应功能如下：

ShowOpen：显示文件打开对话框。

ShowSave：显示文件存储对话框。

ShowColor：显示颜色对话框。

ShowFont：显示字体对话框。

ShowPrinter：显示打印对话框。

ShowHelp：显示 Windows 帮助对话框。

4．通用对话框的程序设计实例

 【实例 10.2】

如图 10-4 所示，单击窗体上的相应按钮，将分别弹出相应的通用对话框。

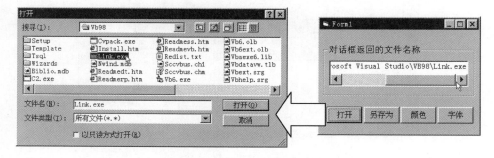

图 10-4　使用通用对话框

【实现步骤】

① 建立应用程序用户界面。

➤ 选择"新建"工程,进入窗体设计器。

➤ 增加一个 Commondialog1 控件。

由于 Commondialog1 控件不是标准控件,将 Commondialog 控件添加到工具箱:用鼠标右键单击控件工具箱,在弹出的快捷菜单中选择"部件"命令,在"部件"对话框中,选中"Microsoft Common Dialog Control 6.0",单击"确定"按钮。

单击工具箱中的 Commondialog1 控件,在窗体上拖动即可将其添加到窗体上。在设计状态,窗体上显示通用对话框图标,如图 10-5 所示。但在程序运行时,窗体上不显示通用对话框,直到在程序中用 Action 属性或 Show 方法激活而调出所需的对话框。由于在程序运行时看不见"通用对话框"控件,因此可以将它放置在窗体的任何位置。

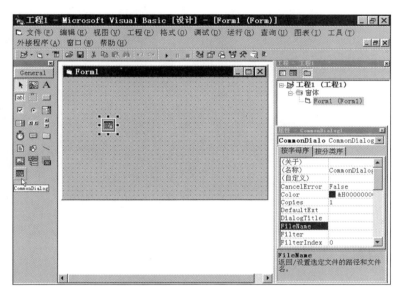

图 10-5　Commondialog1 控件

➤ 在窗体上添加一个 Frame1（框架）控件和一个命令按钮控件数组 Command1(0)～Command1(3)。然后,选定框架 Frame1,在其中增加一个文本框 Text1。

② 设置对象属性。

设置窗体中各控件的属性。

③ 编写事件代码。

编写命令按钮控件数组 Command()的 Click 事件代码:

```
Private Sub Command1_Click(Index As Integer)
  n = Index
  Select Case n
    Case 0
      CommonDialog1.Filter = "所有文件(*.*)|*.*|文本文件(*.TXT)|*.txt"
      CommonDialog1.FilterIndex = 1
      CommonDialog1.ShowOpen                    '显示"打开"对话框
      Text1.Text = CommonDialog1.FileName
      Frame1.Caption = "从打开对话框返回"
```

```
        Case 1
          CommonDialog1.ShowSave                    ' 显示"另存为"对话框
          Text1.Text = CommonDialog1.FileName
          Frame1.Caption = "从另存为对话框返回"
        Case 2
          CommonDialog1.ShowColor                   ' 显示"颜色"对话框
          Text1.Text = "从颜色对话框返回"
          Text1.ForeColor = CommonDialog1.Color
          Frame1.Caption = "从颜色对话框返回"
        Case 3
          CommonDialog1.Flags = 3 Or 256
          CommonDialog1.ShowFont                    ' 显示"字体"对话框
          With Text1
            .FontName = CommonDialog1.FontName
            .FontSize = CommonDialog1.FontSize
            .FontStrikethru = CommonDialog1.FontStrikethru
            .FontBold = CommonDialog1.FontBold
            .FontItalic = CommonDialog1.FontItalic
            .FontUnderline = CommonDialog1.FontUnderline
            .ForeColor = CommonDialog1.Color
          End With
          Text1.Text = "从字体对话框返回"
          Frame1.Caption = "从字体对话框返回"
      End Select
    End Sub
```

④ 运行程序，结果如图 10-4 所示。

 任务 10.3　文件系统控件

任务导入

　　在许多应用程序中，需要对文件进行操作，显示关于磁盘驱动器、目录（文件夹）和文件的信息。VB 提供了 3 个控件对驱动器、文件夹、文件进行显示与操作，它们分别是 DriveListBox（驱动器列表框）控件、DirListBox（文件夹列表框）控件和 FileListBox（文件列表框）控件。

　　本任务学习 DriveListBox（驱动器列表框）控件、DirListBox（文件夹列表框）控件和 FileListBox（文件列表框）控件的使用方法。

学习目标

➢ 会添加驱动器列表框控件、文件夹列表框控件和文件列表框控件。

➢ 会使用驱动器列表框控件、文件夹列表框控件和文件列表框控件编制相关程序。

任务实施

1. 驱动器列表框

在程序执行期间，单击驱动器列表框下拉按钮，可以显示系统所拥有的驱动器名称。一般情况下，只显示当前的磁盘驱动器名称。如果单击列表框右端向下的箭头，则把计算机所有的驱动器名称全部显示出现，单击某个驱动器，即可将它变为当前驱动器。

Drive 属性只能用程序代码设置，不能通过属性窗口设置。其格式为

```
[驱动器列表框名称].Drive[=驱动器名]
```

说明：

① "驱动器名" 是指定的驱动器，如果省略，则 Drive 属性是当前驱动器。

② 每次重新设置驱动器列表框的 Drive 属性时，都将引发 Change 事件。驱动器列表框的默认名称为 Drive1，其 Change 事件过程的开头为

```
Private Sub Drive1_Change()
```

【实例 10.3】

在窗体上添加 DriveListBox（驱动器列表框）控件，并将其默认驱动器设置为 C：。

【实现步骤】

① 单击工具箱中的 DriveListBox 控件 🖳，在窗体上拖动添加一个 Drive1，如图 10-6 所示。由于本机默认的当前驱动器为 D 盘，所以窗体上显示的是 d:。

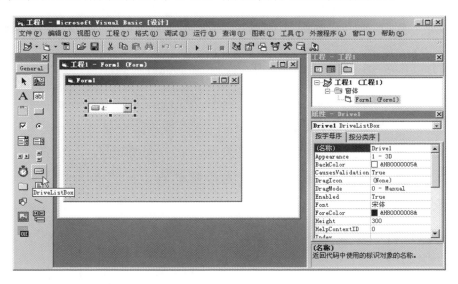

图 10-6　在窗体上添加 DriveListBox 控件

② 双击窗体上的 Drive1 控件，进入代码窗口，如图 10-7 所示。

在首尾行中间输入代码：

```
Private Sub Drive1_Change()
    Drive1.Drive = "c:\"              ' 将 C:设为当前驱动器
End Sub
```

③ 单击工具栏中的 "启动" 按钮运行程序，结果如图 10-8 所示，可以看出当前默认驱动器已经改为 C 盘。

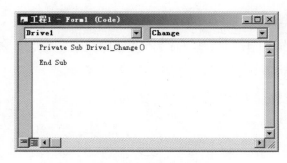

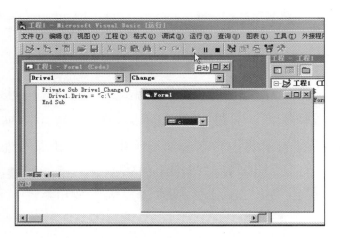

图 10-7　代码窗口　　　　　　　　图 10-8　修改当前驱动器的运行效果

2. 目录列表框

目录列表框显示当前驱动器上的目录结构及当前目录下的所有子目录，供用户选择其中的某个目录作为当前目录。刚建立时显示当前驱动器的顶层目录和当前目录。顶层目录用打开的文件夹表示，当前目录用加阴影的文件夹表示，当前目录下的子目录用合着的文件夹表示。

Path 属性适用于目录列表框和文件列表框，用来设置或返回当前驱动器的路径。Path 属性在设计模式下不可用。其语法格式为

```
[窗体.]目录列表框. |文件列表框. Path [ = "路径" ]
```

说明："窗体"是目录列表框所在窗体。若省略，则为当前窗体；若省略[= "路径"]，则显示当前路径，如下：

```
Print Dir1.Path                    ' 显示当前路径
Dir1.Path = "c:\windows"           ' 将当前目录设为 c:\windows
```

其中 **Dir1** 是目录列表框的默认控件名。

驱动器列表框与目录列表框有着密切的关系。在一般情况下，改变驱动器列表框中的驱动器名后，目录列表框中的目录应随之变为该驱动器上的目录，也就是使驱动器列表框和目录列表框产生同步效果。

 【实例 10.4】

如图 10-9 所示，在窗体上添加一个驱动器列表框和一个目录列表框，实现驱动器列表框与目录列表框的同步显示。

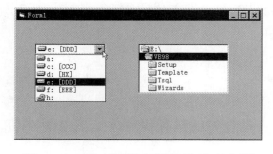

图 10-9　驱动器列表框与目录列表框

【实现步骤】

① 建立用户界面。

在窗体上添加一个驱动器列表框控件和一个目录列表框控件，如图 10-10 所示。

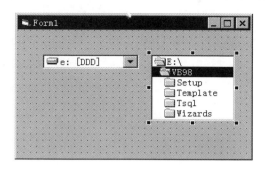

图 10-10 建立用户界面

② 编写事件代码。

编写驱动器列表框 Drive1 的 Change（改变）事件代码：

```
Private Sub Drive1_Change()
    Dir1.Path = Drive1.Drive          ' 设选取的驱动器设为当前工作目录
End Sub
```

③ 运行程序，在驱动器列表框中改变驱动器名，目录列表框中的目录立即随着改变，如图 10-9 所示。

3．文件列表框

用驱动器列表框和目录列表框可以指定当前驱动器和当前目录，而文件列表框可以用来显示当前目录下的文件（可以通过 Path 属性改变）。

文件列表框的默认控件名是 File1。与文件列表框有关的属性较多，其主要属性如下：

➢ FileName：返回或设置所选文件的路径和文件名，设计时不可用。

➢ Multiselect：是否允许用户选择多个文件。值为 True，表示允许；值为 False，表示不允许。

➢ Pattern：设定允许显示文件名的文件类型。如"*.exe;*.com"，默认值为"*.*"。

➢ Archive：是否可以显示 Archive 属性的文件。

➢ Hidden：是否可以显示 Hidden 属性的文件。

➢ Normal：是否可以显示 Normal 属性的文件。

➢ ReadOnly：是否可以显示 ReadOnly 属性的文件。

➢ System：是否可以显示 System 属性的文件。

 【实例 10.5】

如图 10-11 所示，在窗体建立驱动器列表框、目录列表框和文件列表框控件，并使三者同步显示。

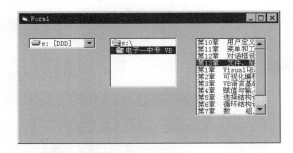

图 10-11　驱动器列表框、目录列表框、文件列表框三者同步

【实现步骤】

① 建立用户界面。

在窗体上，添加一个驱动器列表框、一个目录列表框和一个文件列表框。

② 编写事件代码。

为使窗体上的目录列表框 Dir1 与文件列表框 File1 产生同步，通过改变 Path 属性来引发 Change 事件：

```
Private Sub Dir1_Change()
   File1.Path = Dir1.Path
End Sub
```

为使三者同步，再增加下面的事件过程：

```
Private Sub Drive1_Change()
   Dir1.Path = Drive1.Drive
End Sub
```

运行程序，结果如图 10-11 所示。

利用这一功能，可以执行文件列表框中的某个可执行文件。也就是说，只要双击文件列表框中的某个可执行文件，就能执行该文件。如果要实现该操作，可以通过 Shell 函数来实现。

例如，在【任务 10.5】中，只需增加下面的事件代码，就可实现执行文件的调用：

```
Private Sub File1_DblClick()
   x = Shell(File1.FileName, 1)
End Sub
```

运行后如图 10-12 所示。

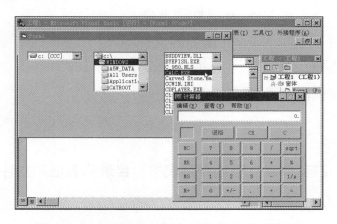

图 10-12　文件列表框中可执行文件的调用

巩固与提高 10

一、选择题

1. 通常用（　　）方法来打开自定义对话框。

    A. Load   B. Unload

    C. Hide   D. Show

2. 将 CommonDialog 通用对话框以"打开文件对话框"方式打开，可选（　　）方法。

    A. ShowOpen   B. ShowColor

    C. ShowFont   D. ShowSave

3. 将通用对话框类型设置为"另存为"对话框，应修改的属性是（　　）。

    A. Filter   B. Font

    C. Action   D. FileName

4. 在窗体上建立通用对话框需要添加的控件是（　　）。

    A. Data 控件   B. From 控件

    C. CommonDialog 控件   D. VBComboBox 控件

5. 在窗体上画一个通用对话框，其名称为 CommonDialogl，然后画一个命令按钮，并编写如下事件过程：

```
Private SUb Command1_Click()
  CommonDialog1.Flags=cdlOFNHideReadOnly
  CommonDialogl.Filter="All Files(*.*)| *.*|Text Files"& "(*.txt)
 |*.txt|Batch Files(*.bat) |*.bat"
  CommonDialog1.FilterIndex=2
  CommonDialogl.ShowOPen
  MsgBox CommonDialogl.filename
End Sub
```

程序运行后，单击命令按钮，将显示一个"打开"对话框，此时在"文件类型"框中显示的是_____。

    A. All Files(*.*)   B. Text Files(*.txt)

    C. Batch Files(*.Bat)   D. 不确定

6. 下列程序的功能是调用"字体"对话框来设置文本框字体，单击"Font"按钮弹出对话框后，单击 Cancel 按钮退出对话框，则

```
Private Sub Command1_Click()
    CommonDialog1.CancelError=true
    CommonDialog1.flags=cdlCFEffects Or cdlDFBoth
    CommonDialog1.Action=4
    CommonDialog1.ShowFont
    Text1.Font.Name=CommonDialog1.FontName
    Text1.Font.Size=CommonDialog1.fontSize
    Text1.Font.Bold=CommonDialog1.FontBold
```

```
        Text1.Font.Italic=CommonDialog1.FontItalic
        Text1.Font.Underline=CommonDialog1.FontUnderline
        Text1.FontStrikethru=CommonDialog1.FontStrikethru
        Text1.ForeColor=CommmonDialog1.Color
    End Sub
```

A．Text1 的字体不发生变化

B．Text1 的字体发生变化

C．Text1 的字体和颜色发生变化

D．程序出错！

7．以下事件过程可以将打开的对话框的标题改为"新时代"的是（　　　）。

```
A. Private Sub Command2_Click()
      CommonDialog1.DialogTitle ="新时代"
      CommonDialog1.ShowOpen
   End Sub
B. Private Sub Command2_Click()
      CommonDialog1.DialogTitle ="新时代"
      CommonDialog1.ShowFont
  End Sub
C. Private Sub Command2_Click()
      CommonDialog1.DialogTitle ="新时代"
      CommonDialog1.Show
   End Sub
D. Private Sub Command2_Click()
      CommonDialog1.DialogTitle ="新时代"
      CommonDialog1.ShowColor
   End Sub
```

8．下列各选项说法错误的一项是（　　　）。

A．文件对话框可分为两种，即"打开（Open）"对话框和"保存（Save As）"对话框

B．通用对话框的 Name 属性默认值为 CommonDialogX，此外每种对话框都有自己的默认标题

C．"打开"对话框可以让用户指定一个文件，由程序使用；而用"保存"对话框可以指定一个文件，并以这个文件名保存当前文件

D．DefaultEXT 属性和 DialogTitle 属性都是"打开"对话框的属性，而非"保存"对话框的属性

9．在窗体上画一个名称为 CommonDialog1 的通用对话框，一个名称为 Command1 的命令按钮，要求单击命令按钮时，打开一个"保存"对话框，该窗口标题为"Save"，默认文件名称为"SaveFile"，在"文件类型"栏中显示*txt，则能够满足上述要求的程序是（　　　）。

```
A. Private Sub Command1_Click()
      CommonDialog1.FileName="SaveFile"
      CommonDialog1.Filter="AllFiles *.* (*.txt) *.txt (*.doc) *.doc"
      CommonDialog1.FillterIndex=2
      CommonDialog1.DialogTitle="Save"
      CommonDialog1.Action=2
   End Sub
```

```
 B. Private Sub Command1_Click()
      CommonDialog1.FileName="SaveFile"
      CommonDialog1.Filter="AllFiles *.* (*.txt) *.txt (*.doc) *.doc"
      CommonDialog1.FillterIndex=1
      CommonDialog1.DialogTitle="Save"
      CommonDialog1.Action=2
    End Sub
 C. Private Sub Command1_Click()
      CommonDialog1.FileName="Save"
      CommonDialog1.Filter="AllFiles *.* (*.txt) *.txt (*.doc) *.doc"
      CommonDialog1.FillterIndex=2
      CommonDialog1.DialogTitle="SaveFile"
      CommonDialog1.Action=2
    End Sub
 D. Private Sub Command1_Click()
      CommonDialog1.FileName="SaveFile"
      CommonDialog1.Filter="AllFiles *.* (*.txt) *.txt (*.doc) *.doc"
      CommonDialog1.FillterIndex=1
      CommonDialog1.DialogTitle="Save"
      CommonDialog1.Action=1
    End Sub
```

10．要获得当前驱动器应使用驱动器列表框的属性是（　　）。

A．Path B．Drive

C．Dir D．Pattern

11．目录列表框的 Path 属性的作用是（　　）。

A．显示当前驱动器或指定驱动器上的路径

B．显示当前驱动器或指定驱动器上的某目录下的文件名

C．显示根目录下的文件名

D．只显示当前路径下的文件

12．在窗体上画一个名称为 Drivel 的驱动器列表框，一个名称为 Dirl 的目录列表框。当改变当前驱动器时，目录列表框应该与之同步改变。设置两个控件同步的命令放在一个事件过程中，这个事件过程是（　　）。

A．Drivel_Change B．Drivel_Click

C．Dirl_Click D．Dirl_Change

13．要使文件列表框中的文件随目录列表框中所选择的当前目录的不同而发生变化，应该（　　）。

A．在 File1 中的 Change 事件中，输入 File1.Path=Dir1.Path

B．在 Dir1 中的 Change 事件中，输入 File1.Path=Dir1.Path

C．在 File1 中的 Change 事件中，输入 Dir1.Path=File1.Path

D．在 Dir1 中的 Change 事件中，输入 Dir1.Path=File1.Path

二、选择题

1．将通用对话框的类型设置为"字体"对话框可以使用_____方法。

2．如果工具箱中还没有 CommonDialog 控件，应从_____菜单中选择_____命令，并将控件添加到工具箱中。

3．在窗体上加一个文本控件 PCSTextBox，画一个命令按钮，当单击命令按钮的时候将显示"打开"对话框，设置该对话框只用于打开文本文件，然后在文本控件中显示打开的文件名。请填空。

Private Sub Command1_Click()

CommonDialog1.Filter =_____

CommonDialog1.ShowOpen

PCSTextBox.Text =_____

End Sub

4．改变驱动器列表框的 Drive 属性值将引发_____事件。

三、编程题

1．如图 10-13 所示，建立一个"自定义"对话框，在窗体上有一个文本框，在其中输入数字后能够调用相应的应用程序。

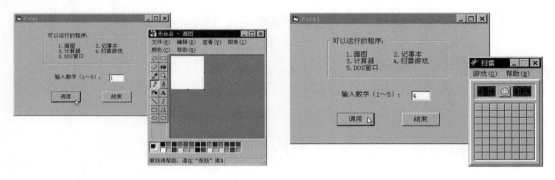

图 10-13　建立"自定义"对话框

2．如图 10-14 所示，设计程序，当选择窗体上的"编辑"按钮后，将弹出"打开"对话框选定位图文件，并编辑该图片。

图 10-14　"打开"对话框

3. 如图 10-15 所示，单击窗体上的"设置字体"按钮，将打开"字体"对话框，从中可以设置文本的字体。

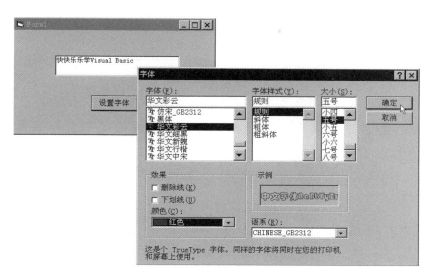

图 10-15 "字体"对话框

4. 设计一个能运行可执行文件（.exe, .com, .bat）的对话框程序，程序启动后界面如图 10-16 所示。单击"浏览"按钮将弹出"打开"对话框，在选择文件后单击"打开"按钮，返回对话框程序，此时用户选择的文件名将显示在文本框中。通过选择单选钮可以使程序按"常规""最小化"或"最大化"方式运行。单击"取消"按钮将清除文本框中的内容。

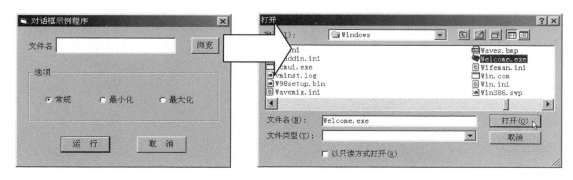

图 10-16 运行可执行文件的对话框

图形和图像设计

图形图像可以为应用程序的界面增加趣味，增强可视效果。VB 具有丰富的图形图像处理能力，除了窗体和控件的图形图像特征以外，它还提供了一系列基本的图形函数、语句和方法，支持直接在窗体上产生图形、图像和颜色，控制对象的位置和外观。

本单元通过若干教学任务，介绍在窗体上绘制图形、显示图片的方法。主要内容包括：

➤ 使用图形控件（Shape 控件、Line 控件）绘制图形的方法。
➤ 使用绘图方法（PSet 方法、Line 方法、Circle 方法等）进行图形设计。
➤ 在窗体上加载图片的 3 种方法。

任务 11.1　绘制图形

任务导入

使用绘图控件可以直接在窗体上绘制简单的图形，不需要编写代码，使用非常简单。本任务学习使用 Shape（形状）控件和 Line（直线）控件绘制图形的方法。

学习目标

➤ 会使用 Shape 控件绘制简单的图形。
➤ 会使用 Line 控件绘制简单的图形。

任务实施

1. Shape 控件

Shape 控件预定义了 6 种形状，通过设置 Shape 属性来实现所需的形状，如表 11-1 所示。

表 11-1　Shape 属性设置值

属　性　值	常　　　数	说　　明
0	VbShapeRectangle	（默认值）矩形
1	VbShapeSquare	正方形
2	VbShapeOval	椭圆形
3	VbShapeOval	圆形
4	VbShapeRoundedRectangle	圆角矩形
5	VbShapeRoundedSquare	圆角正方形

如图 11-1 所示为用 Shape 控件画图，当 Shape 属性分别为 0～5 时的效果。

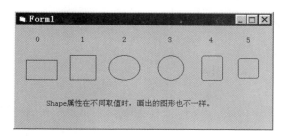

图 11-1　用 Shape 控件画出的图形

用 Shape 控件画出的图形，还可以调整其大小，设置其颜色、边框样式、边框宽度等。表 11-2 列出了 Shape 控件的常用属性。

表 11-2　Shape 控件的常用属性

属　　性	说　　明	属　　性	说　　明
BorderColor	边框色	BorderWidth	边框宽度
FillColor	填充色	FillStyle	填充样式
BorderStyle	边框样式	DrawMode	画图模式

如图 11-2 所示为设计时用 Shape 控件画的图形。

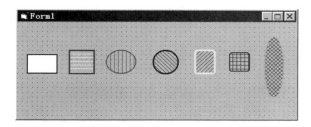

图 11-2　设计时通过设置属性显示不同图形

 【实例 11.1】

在窗体上使用 Shape 控件绘制图形，如图 11-3 所示，并设置不同的填充样式。

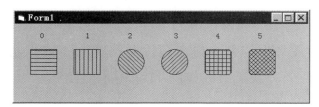

图 11-3　使用 Shape 控件绘制图形

【实现步骤】

① 在窗体上建立 Shape 控件数组 Shape1(0)～Shape1(5)。

② 编写事件代码。

```
Private Sub Form_Activate()
  Dim i As Integer
  Print
```

```
    Print "    0 1 2 3 4 5 "
    Shape1(0).Shape = 0
    Shape1(0).FillStyle = 2
    For i = 1 To 5
     Shape1(i).Left = Shape1(i - 1).Left + 1000' 确定控件位置
      Shape1(i).Shape = i                        ' 通过 Shape 属性改变控件形状
      Shape1(i).FillStyle = i + 2                ' 通过 FillStyle 属性改变填
        充样式
      Shape1(i).Visible = True
    Next i
  End Sub
```

运行程序，结果如图 11-3 所示。

2. Line 控件

Line 控件用于在窗体、图片框和框架中画各种直线段，既可以在设计时通过设置线的端点坐标属性来画出直线，也可以在程序运行时动态地改变直线的各种属性。

在设计时，可以使用 Line 控件在窗体上可视化地安排直线的位置、长度、颜色、宽度、实虚线等属性。运行时不能使用 Move 方法移动 Line 控件，但是可以通过改变 X1、X2、Y1 和 Y2 属性来移动它或者调整它的大小。

【实例 11.2】

用 Line 控件画出如图 11-4 所示的图形。

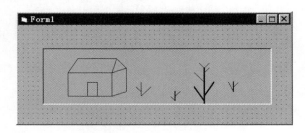

图 11-4 设计时用 Line 控件所画的直线

【实现步骤】

在窗体上，添加一个图片框控件，再在图片框控件上添加若干 Line 控件，其中每根直线（一个 Line 控件）是一个对象，组成如图 11-4 所示的图案。

 ## 任务 11.2 常用的绘图方法

任务导入

使用前面我们介绍的绘图控件绘制图形，虽然使用简单，但它提供的绘图样式选择有限，只能实现简单功能。因此，如果我们要实现更高级的绘图功能，需要使用 VB 提供的绘图方法。

本任务学习使用 VB 绘图方法来绘制图形。

学习目标

➢ 会使用 PSet 方法、Line 方法、Circle 方法绘制点、线、圆等。

➢ 会使用 Cls 方法清除图形。

任务实施

1. 画点方法（PSet）

PSet 方法可以在对象的指定位置（x,y），按确定的像素颜色画点，语法为

```
[〈object〉.] PSet [Step] (x, y), [〈颜色〉]
```

说明：

①〈object〉为可选的对象表达式，如果省略〈object〉，具有焦点的窗体作为〈object〉。

② [Step]为可选的关键字，指定相对于由 CurrentX 和 CurrentY 属性提供的当前图形位置的坐标。

③ (x,y)为必需的一对 Single（单精度浮点数），设置点的水平（x 轴）和垂直（y 轴）坐标。

④〈颜色〉为可选的长整型数，为该点指定颜色。如果省略，则使用当前的 ForeColor 属性值。

VB 提供了两个专门处理颜色的函数 RGB 和 QBColor 函数。RGB 函数是颜色函数中最常用的一个，语法为

```
RGB（red, green, blue）
```

其中，red、green、blue 分别表示颜色的红色成份、绿色成份、蓝色成份。取值范围都是 0～255。

RGB 函数采用红、绿、蓝三基色原理，返回一个 Long 整数，用来表示一个 RGB 颜色值。表 11-3 列出一些常见的标准颜色，以及这些颜色的红、绿、蓝三原色的成份值。

表 11-3　常见的标准颜色 RGB 值

颜　色	红色成份值	绿色成份值	蓝色成份值
黑色	0	0	0
蓝色	0	0	255
绿色	0	255	0
青色	0	255	255
红色	255	0	0
洋红色	255	0	255
黄色	255	255	0
白色	255	255	255

例如，混合 3 种不同数量的颜色：

```
x = RGB(24, 200, 255)
```

或使用变量来描述 3 种颜色的数量：

```
r = 24: g = 200: b = 255
x = RGB(r, g, b)
```

QBColor 函数返回一个用来表示所对应颜色值的 RGB 颜色码。语法为

```
QBColor(color)
```

其中，color 参数是一个介于 0～15 的整型值，如表 11-4 所示。

表 11-4 color 参数的设置值

值	颜 色	值	颜 色
0	黑色	8	灰色
1	蓝色	9	亮蓝色
2	绿色	10	亮绿色
3	青色	11	亮青色
4	红色	12	亮红色
5	洋红色	13	亮洋红色
6	黄色	14	亮黄色
7	白色	15	亮白色

例如，将背景色改为红色：

```
BackColor = QBColor(4)
```

【实例 11.3】

如图 11-5 所示，利用 Pset 方法在窗体上画出"满天星"。

图 11-5 满天星

【实现步骤】

将窗体的背景色改为白色，直接在窗体上产生"满天星"，以便清晰显示。编写事件代码如下：

```
Private Sub Form_load()
  Show
  DrawWidth = 3                         ' 控制画出点的大小
  Randomize
  For i = 1 To 1000
    x = Form1.ScaleWidth * Rnd          ' 随机定位
    y = Form1.ScaleHeight * Rnd         ' 随机定位
```

```
        r = Int(255 * Rnd)                      ' 颜色值为随机数
        g = Int(255 * Rnd)
        b = Int(255 * Rnd)
        Form1.PSet (x, y), RGB(r, g, b)         ' 画点
        For n = 1 To 50000: Next n              ' 用空循环实现延时效果
      Next i
    End Sub
```

程序运行后，在窗体上随机产生各种颜色的点，结果如图 11-5 所示。

2．画直线、矩形方法（Line）

Line 方法可以在对象上的两点之间画直线或矩形，语法为

```
〈object〉.Line [Step] [x1, y1] - [Step] (x2, y2) [,〈颜色〉] [,B [F]]
```

说明：

① [x1,y1]为可选项，是直线或矩形的起点坐标。如果省略，起点位于由 CurrentX 和 CurrentY 指定的位置。

② [x2, y2]为必需的，是直线或矩形的终点坐标。

③〈颜色〉为可选的长整型数，设置直线或矩形的颜色。如果省略，则使用 ForeColor 属性值。

④ B 为可选项，如果选择 B，则以(x1,y1)为左上角坐标，(x2,y2)为右下角坐标画出矩形。F 选项规定矩形以矩形边框的颜色填充。不能不用 B 而用 F。如果不用 F 仅用 B，则矩形用当前的 FillColor 和 FillStyle 填充。FillStyle 的默认值为 transparent。

【实例 11.4】

用 Line 方法画出如图 11-6 所示的图形。

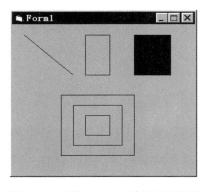

图 11-6　用 Line 方法画出图形

【实现步骤】

直接编写下面的窗体事件代码：

```
    Private Sub Form_Paint()
      Cls
      Scale (0, 0) -(15, 15)                    ' 设置用户坐标系统
      Line (1, 1) -(5, 5), 4                    ' 画直线
      Line (6, 1) -(8, 5), 4, B                 ' 画矩形框
```

```
    Line (10, 1) -(13, 5), 4, BF            ' 画矩形块
    For i = 1 To 3                          ' 画 3 个嵌套的方形框
     Line (3 + i, 6 + i) -(11 - i, 14 - i), , B
    Next i
  End Sub
```

在使用 PSset 和 Line 方法时，在每个坐标点(x,y)之前，可加上 Step 关键字，用来指出将要画出的点和当前坐标点的相对位置，如上例中的第 4，5，6 行语句可以用以下语句代替：

$$\text{Line (1, 1)} - \text{Step(4, 4), 4} \qquad\qquad \text{' 画直线}$$
$$\text{Line (6, 1)} - \text{Step(2, 4), 4, B} \qquad\qquad \text{' 画矩形框}$$
$$\text{Line (10, 1)} - \text{Step(3, 4), 4, BF} \qquad\qquad \text{' 画矩形块}$$

3．画圆方法（Circle）

Circle 方法可以在对象上画圆、椭圆或弧。语法为

```
[〈object〉.] Circle [Step] (x, y),〈半径〉, [color, start, end, aspect]
```

说明：

① (x,y)指定圆、椭圆或弧的中心坐标。

②〈半径〉指定圆、椭圆或弧的半径。

③ color 可选，如果省略，则使用 ForeColor 属性值。

④ start 和 end 指定（以弧度为单位）弧或扇形的起点和终点位置。其范围为$-2\pi \sim 2\pi$。起点的默认值是 0，终点的默认值是 2π。正数画弧，负数画扇形。

⑤ aspect 为垂直半径与水平半径之比，不能为负数。aspect > 1 时，椭圆沿垂直方向拉长，当 aspect < 1 时，椭圆沿水平方向拉长。aspect 的默认值为 1.0，在屏幕上产生一个标准圆（非椭圆）。

⑥ 可以省略语法中间的某个参数，但不能省略分隔参数的逗号。

【实例 11.5】

在图片框中画出如图 11-7 所示的圆弧、扇形。

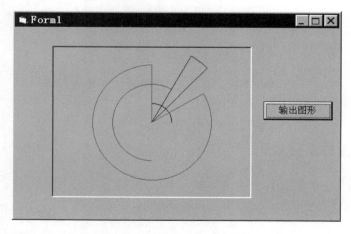

图 11-7　利用 Circle 方法绘图

【实现步骤】

① 在窗体上添加一个图片框控件 Picture1 和一个命令按钮 Command1 控件。

② 编写"输出图形"命令按钮的单击事件代码如下：

```
Private Sub Command1_Click()
  pi = 4 * Atn(1)
  Picture1.Scale (0, 0) -(100, 100)
  Picture1.Circle (50, 50), 10, QBColor(1), 0, pi / 2
  Picture1.Circle (50, 50), 20, QBColor(2), pi / 3, 1.5 * pi
  Picture1.Circle (50, 50), 30, QBColor(3), -pi / 2, -pi / 6
  Picture1.Circle (50, 50), 40, QBColor(4), -pi / 4, -pi / 3
End Sub
```

运行程序，结果如图 11-7 所示。

4. 清除图形方法（Cls）

Cls 方法可以清除 Form 或 PictureBox 控件中由图形和打印语句在运行时所生成的图形和文本，清除后的区域以背景色填充。设计时使用 Picture 属性设置的背景位图和放置的控件不受 Cls 方法影响。其语法格式为

```
[〈对象〉.] Cls
```

调用 Cls 方法之后，〈对象〉的 CurrentX 和 CurrentY 属性复位为 0。

 注意

Cls 方法的使用与 AutoRedraw 属性的设置有很大关系。如果调用 Cls 方法之前，AutoRedraw 属性设置为 False，则 Cls 方法不能清除在 AutoRedraw 属性设置为 True 时产生的图形和文本；如果调用 Cls 方法之前，AutoRedraw 属性设置为 True，则 Cls 方法可以清除所有运行时产生的图形和文本。

 任务 11.3 显示图片

 任务导入

图片可以显示在 VB 应用程序的窗体（Form）上、图片框（Picture）内或图像（Image）控件内。图片可以是位图（bmp、dib、cur）、图标（.ico）、图元（wmf）、增强型图元（emf）、JPEG 或 GIF 文件。图片可来自 Windows 的各种绘图程序，例如，随同各种版本 Windows 一同提供的绘图程序、其他图形应用程序或剪贴画库。

在设计时或运行时，可以采用不同途径将图片添加到窗体、图片框或图像控件中。

本任务学习在窗体（Form）上、图像（Image）控件内、图片框（Picture）控件内显示图形的方法。

学习目标

➢ 会在窗体上加载图片。

➢ 会在图像（Image）控件内显示图形。

➢ 会在图片框（Picture）控件内显示图形。

 任务实施

1. 直接加载图片到窗体

使用窗体的 Picture 属性，可以很方便地加载图片到窗体上。

在运行时要显示或替换图片，可利用 LoadPicture 函数设置 Picture 属性。LoadPicture 函数的语法格式为

```
LoadPicture([〈文件名〉])
```

其中〈文件名〉是一个字符串表达式，包括驱动器、文件夹和文件的名称。如果省略〈文件名〉，LoadPicture 将清除图像。

【实例 11.6】

如图 11-8 所示，在窗体上加载图片。

图 11-8　直接在窗体上加载图片

【实现步骤】

单击属性窗口中的 Picture 属性，这时该属性出现"..."，单击打开"加载图片"对话框。从"搜寻"中查找需加载图片的位置，在列表中选中文件名，单击"打开"按钮（如 c:\Program Files\Microsoft Visual Studio \Common \Graphics \Metafile\ Business\ coins.wmf），加载后的效果如图 11-8 所示。

2. 使用图像控件

Image 控件具有 Stretch 属性。当 Stretch 属性为 False（默认值）时，根据图片调整 Image 控件的大小；当 Stretch 属性设为 True 时，将根据 Image 控件的大小来调整图片的大小（这可能会使图片变形）。

 【实例 11.7】

在窗体上添加 Image 控件，并根据图片大小调整该控件的大小，如图 11-9 所示。

图 11-9　使用 Image 控件添加图片

【实现步骤】

① 单击工具箱中的 Image 控件，在窗体上添加图像控件。

② 选中 Image1 对象，设置其 Picture 属性，在"加载图片"对话框中选择一张图片，单击"打开"按钮，如图 11-10 所示。此时，选中的图片将添加到 Image 控件中，并自动根据图片大小调整控件的大小。

图 11-10　"加载图片"对话框

3. 使用图片框控件

图片框（PictureBox）控件可以用来显示图片、作为其他控件的容器、显示图形方法输出的图形或 Print 方法输出的文本。

PictureBox 控件实际显示的图片由 Picture 属性决定。

PictureBox 控件具有 AutoSize 属性，当该属性设置为 True 时，PictureBox 能自动调整大小以便与显示的图片匹配。如果将 AutoSize 属性设置为 True，设计窗体时就需要特别小心。这时，图片将不考虑窗体上的其他控件的情况而调整大小，这可能导致意想不到的后果，如覆盖其他控件。设计时应通过加载每一幅图片来检查是否有这种现象发生。

【实例 11.8】

如图 11-11 所示，设计浏览图形文件的图片浏览器。

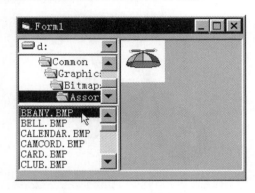

图 11-11　图片浏览器

【实现步骤】

① 建立应用程序用户界面与设置对象属性。

选择"新建"工程，进入窗体设计器，首先增加文件系统控件：驱动器列表框 Drive1、目录列表框 Dir1、文件列表框 File1；再增加一个图片框 Picture1，如图 11-11 所示。为此，只需修改 File1 的 Pattern 属性为*.ico; *.bmp。

② 编写程序代码。

目录列表框 Dir1 的 Change 事件代码为

```
Private Sub Dir1_Change()
  File1.Path = Dir1.Path
End Sub
```

驱动器列表框 Drive1 的 Change 事件代码为

```
Private Sub Drive1_Change()
  Dir1.Path = Drive1.Drive
End Sub
```

文件列表框 File1 的 Change 事件代码为

```
Private Sub File1_Click()
  ChDrive Drive1.Drive
  ChDir Dir1.Path
  Picture1.Picture = LoadPicture(File1.FileName)
End Sub
```

运行程序，结果如图 11-11 所示。

巩固与提高 11

一、选择题

下面的属性中，用于自动调整图像框中图形内容的大小的是（　　　）。

A. Picture   B. CurrentY

C. CurrentX   D. Stretch

二、填空题

1．为了在运行时把 d:\\pic 文件夹下的图形文件 a.jpg 装入图片框 Picture1，所使用的语句为＿＿＿＿。

2．下面程序是由鼠标事件在窗体上画图，如果按下鼠标将可以画图，双击窗体可以清除所画图形。补充完整下面的程序。

首先在窗体层定义如下变量：

Dim PaintStrat As Boolean

编写如下事件过程：

```
Private Sub Form_Load()
    DrawWith=2
    ForeColor=vbGreen
End Sub
Private Sub Form_MouseDown(Button As Integer,Shift As Integer, X As
    Single,Y As Single)
    _____
End Sub
Private Sub Form_MouseMove(Button As Integer,Shift As Integer, X As
    Single,Y As Single)
    If PaintStart Then
      PSet(X,Y)
    End If
End Sub
Private Sub Form_MouseUp(Button As Integer,Shift As Integer, X As
    Single,Y As Single)
    _____
End Sub
Private Sub Form_DblClick()
    _____
End Sub
```

三、编程题

1．用 PSet 方法绘制 Cos(x)数学函数曲线，如图 11-12 所示。

2．利用 Circle 方法在窗体中画一个圆桶，如图 11-13 所示。

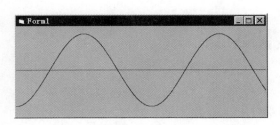

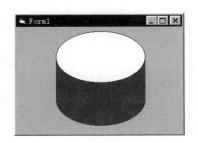

图 11-12　数学曲线　　　　　　　　　　图 11-13　圆桶

3．利用 Circle 方法在窗体中画一个有缺口的饼，如图 11-14 所示。

4．在窗体上画五角星，如图 11-15 所示。

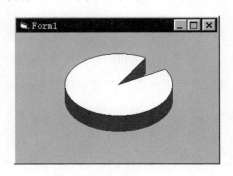

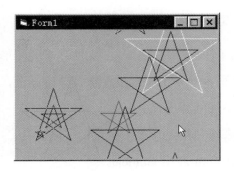

图 11-14　有缺口的饼　　　　　　　　　图 11-15　画五角星

5．编写程序，实现输入 3 种商品的销售量，可显示销售比例的饼图，如图 11-16 所示。

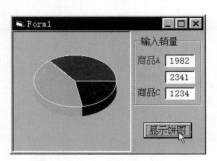

图 11-16　销售比例饼图

程序调试

在程序设计过程中，错误是难免的，查找和修改错误的过程称为程序调试。VB 为调试程序提供了一组交互的、有效的调试工具。

为了便于学习和上机，本单元介绍基本的调试功能，如设置断点、观察变量和过程跟踪等。主要内容包括：

> 程序中的 4 种常见错误类型。
> VB 程序设计中的 3 种模式。
> 使用插入断点和逐语句跟踪技术进行错误排查。
> 使用立即窗口、本地窗口、监视窗口进行错误检查。
> 通过设置错误陷阱防止程序错误。

任务 12.1 程序设计中常见的错误类型

任务导入

为了易于找出程序中的错误，我们将错误分为 4 种类型，即编辑错误、编译错误、运行错误和逻辑错误。

本任务将介绍 VB 中的常见错误，以引起读者的注意，尽量避免错误发生。

学习目标

> 了解使用 VB 编程中的常见错误。
> 能在使用 VB 时尽量避免出错。

任务实施

1. 编辑错误

当用户在代码编辑窗口编辑代码时，VB 会直接对程序进行语法检查，当发现程序中存在输入错误，如语句未输入完、关键字输入错误等，VB 会弹出对话框，提示出错信息，如图 12-1 所示。

这时，用户必须单击"确定"按钮，关闭提示框，程序中出错的位置显示为红色，出错部分被高亮度显示，提示用户进行修改。

图 12-1　编辑错误

2．编译错误

编译错误是指单击了"启动"按钮，VB 开始运行程序前，先编译执行的程序段时产生的错误。此类错误是由于用户未定义变量、遗漏关键字等原因造成的。

这时，VB 也将弹出对话框，提示出错信息，如图 12-2 所示。出错的位置被高亮度显示，同时 VB 停止编译。这时，用户必须单击"确定"按钮，关闭出错对话框，然后对出错行进行修改。

图 12-2　编译错误

3．运行错误

运行错误是指 VB 在编译通过后，运行代码时发生的错误。这类错误往往是由于指令代码执行了非法操作引起的。如类型不匹配、试图打开一个不存在的文件等。

例如，属性 FontSize 的类型为整型，若对其赋值的类型为字符串，系统运行时将显示如图 12-3 所示的提示出错信息。若用户单击了"调试"按钮，进入中断模式，光标停留在引起出错的位置，此时允许修改代码。

图 12-3　运行错误

4. 逻辑错误

程序运行后，如果得不到期望的结果，这说明程序存在逻辑错误。例如，运算符使用不正确、语句的次序不对、循环语句的起始值或终值不正确等。

通常，逻辑错误不会产生错误提示信息，因此错误较难排除，这时就需要程序员仔细地阅读分析程序，并要有一定的调试程序的经验。

 ## 任务 12.2 程序调试和排错

任务导入

为了更正程序中发生的不同错误，VB 提供了广泛的调试工具。主要通过设置断点、插入观察变量、逐行执行和过程跟踪等手段，在调试窗口中显示所关注的信息，设置错误陷阱等。

本任务将介绍程序调试和排错的方法和技巧。

学习目标

➤ 会使用设置断点、插入观察变量、逐行执行、过程跟踪等手段排查错误程序。
➤ 会使用调试窗口排查错误程序。
➤ 了解设置错误陷阱排查错误程序的方法。

任务实施

1. VB 的 3 种模式

为了测试和调试应用程序，用户在任何时候都应清楚地知道正处在何种模式下。作为一个集编辑、编译与运行于一体的集成环境，VB 的工作状态可分为 3 种模式。

（1）设计模式

在设计模式下，可以进行程序的界面设计、属性设置、代码编写等，此时标题栏显示"设计"，如图 12-4 所示，在此模式下不能运行程序，也不能使用调试工具。

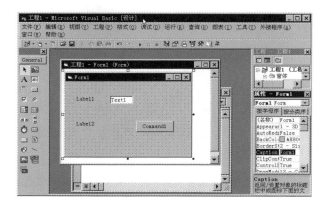

图 12-4 设计模式

（2）运行模式

单击"运行"菜单下的"启动"命令，也可按 F5 键或单击工具栏上的"启动"按钮▶，即可由设计模式进入运行模式，标题栏显示"运行"，如图 12-5 所示。

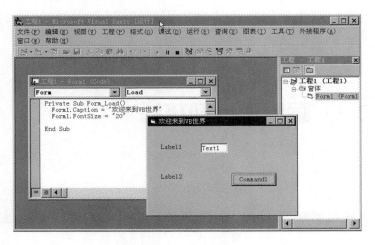

图 12-5　运行模式

在此阶段，可以查看程序代码，但不能修改。若要修改代码，必须选择"运行"菜单的"结束"命令，或单击工具栏上的"结束"按钮■，回到设计模式；也可以选择"运行"菜单中的"中断"命令，或单击工具栏上的"中断"按钮Ⅱ，进入中断模式。

（3）中断模式

当程序运行时，单击"运行"菜单中的"中断"命令，或单击工具栏上的"中断"按钮Ⅱ，进入中断模式，如图 12-6 所示，此时标题栏显示"break"。当程序出现运行错误时，也可以进入中断模式。

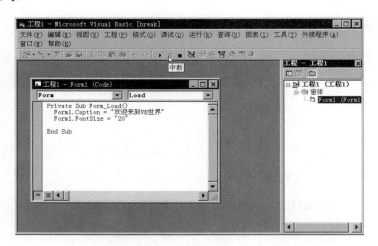

图 12-6　中断模式

在中断模式下，运行的程序被挂起，可以查看代码、修改代码、检查数据。修改结束，再单击"继续"按钮▶继续程序的运行，或单击"结束"按钮■停止程序执行。

2. 插入断点和逐语句跟踪

在调试程序时，通常会设置断点来中断程序的运行，然后逐语句跟踪检查相关变量、属性和表达式的值是否在预期的范围内。

可在中断模式下或设计模式时设置或删除断点。当应用程序处于空闲时，也可在运行时设置或删除断点，按下 F9 键，如图 12-7 所示，在程序运行到断点语句处（该语句未执行）停下，进入中断模式，可以查看在此之前所关心的变量、属性、表达式的值。

在 VB 中提供了在中断模式下直接查看某个变量值的功能，只要将鼠标指向所关心的变量处，稍停片刻，则在鼠标下方将显示该变量的值，如图 12-8 所示。

图 12-7　插入断点和逐语句跟踪　　　　图 12-8　显示变量值

如果要继续跟踪断点以后的语句执行情况，只需按 F8 键或选择"运行"菜单中的"逐语句"命令。

将设置断点和逐语句跟踪相结合，是初学者调试程序最简捷的方法。

3．调试窗口

在中断模式下，除了用鼠标指向要观察的变量直接显示其值外，还可以通过"立即"窗口、"监视"窗口和"本地"窗口观察有关变量的值。可单击"视图"菜单中的对应命令打开这些窗口。

（1）"立即"窗口

"立即"窗口是在调试窗口中使用最方便、最常用的窗口。可以在程序代码中利用 Debug.Print 方法，将输出送到"立即"窗口；也可以直接在该窗口使用 Print 语句或"?"显示变量的值，如图 12-9 所示。

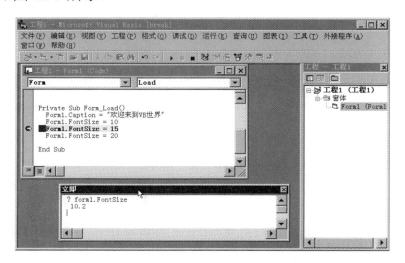

图 12-9　"立即"窗口

（2）"本地"窗口

"本地"窗口显示当前过程中所有变量的值。当程序的执行从一个过程切换到另一过程时，"本地"窗口的内容会发生改变，它只反映当前过程中可用的变量。如图 12-10 显示了"本地"窗口。

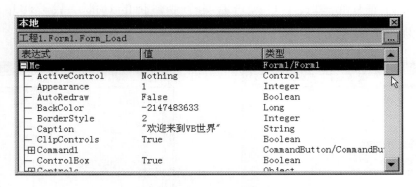

图 12-10　"本地"窗口

（3）"监视"窗口

"监视"窗口可显示当前的监视表达式。在此之前必须在设计阶段，利用"调试"菜单的"添加监视"命令或"快速监视"命令，添加监视表达式及设置的监视类型，在运行时显示在"监视"窗口，根据所设置的监视类型进行相应的显示。如图 12-11 显示了"监视"窗口。

图 12-11　"监视"窗口

4. 使用 On Error 语句设置错误陷阱

再有经验的程序员无论如何细心地调试程序，都不可能绝对避免错误的发生。在 VB 中常采用错误陷阱的方法防止致命错误的发生。

设置错误陷阱可以使用 On Error 语句，其语法形式如表 12-1 所示。

表 12-1　On Error 语句的语法形式

语　　句	说　　明
On Error GoTo line	转去以 line 为行号的程序行继续执行
On Error Resume Next	从出错语句的下一条语句继续执行
On Error GoTo 0	关闭当前过程中所有已启动的错误处理程序

错误处理程序的设计一般可分为以下 3 步：

① 使用 On Error 语句捕获错误，并把程序流程转向由标号指示的错误处理程序段。

② 编写错误处理代码，对所有可能预见的错误都做出相应的安排。

③ 根据错误类型使用 Resume 语句重新执行出错语句，或使用 ResumeNext 语句执行出错语句的下一条语句继续运行程序。

【实例 12.1】

错误处理程序示例。建立一个 10 次的循环，每次产生两个 0～9 的随机整数，并输出两数的商。若出错则执行错误处理语句，显示信息如图 12-12 所示；否则显示正常信息，如图 12-13 所示。

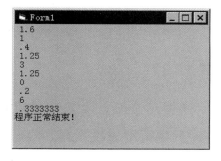

图 12-12　出错结束的程序　　　　　图 12-13　正常结束的程序

【实现步骤】

编写代码如下：

```
Private Sub Form_Load( )      ' 窗体装入时执行的代码
  Show
  Randomize                    ' 初始化随机数发生器
  On Error GoTo aa             ' 若出现错误（b=0）则执行行标号为 aa 的程序段
  For i = 1 To 10
    a = Int(Rnd * 10) : b = Int(Rnd * 10)     ' 产生两个 0～9 的随机整数
    Print a / b                ' 输出两个随机数的商
  Next
  Print "程序正常结束！"
  Exit Sub                     ' 退出过程，不执行错误处理语句
aa:
  Print "分母为零了,程序结束！"
End Sub
```

5. 使用 Err 对象

Err 对象中包含关于运行时错误的信息。Err 对象的属性由错误的生成者设置，这个生成者可以是 VB 系统，可以是对象，也可以是程序设计员。

Err 对象的方法

使用 Clear 方法，其语法格式为

```
Err.Clear
```

通常，在处理错误之后使用 Clear 来清除 Err 对象，例如，在对 On Error Resume Next 使用拖延错误处理时就可使用 Clear。每当执行下列语句时就会自动调用 Clear 方法：

> 任意类型的 Resume 语句。
> Exit Sub、Exit Function、Exit Property 语句。
> 任何 On Error 语句。

 注意

当处理因访问其他对象产生的错误时，与其使用 On Error GoTo 语句，不如使用 On Error Resume Next 语句。每一次与对象打交道之后都检查 Err，则可消除代码访问对象时的含混之处，也可以确认是哪个对象将错误引入了 Err.Number 中，还可以确认最初是哪个对象产生了这个错误（Err.Source 中指定的对象）。

【实例 12.2】

Clear 方法使用示例。本示例使用 Err 对象的 Clear 方法将 Err 对象的数值属性重新设置为零，并将其字符串属性设置为零长度字符串。如果在代码中省略 Clear 方法，则每完成一次循环便会显示一次错误信息（发生错误之后），且不管程序中的计算结果是否真的有错误。

【实现步骤】

程序代码如下：

```
Dim Result(10) As Integer        ' 声明数组变量
                                 ' 其元素容易溢出

Dim indx
On Error Resume Next             ' 将错误处理的方式设为 "继续下一行"
Do Until indx = 10

                                 ' 下面的计算若有错误发生，便显示错误信息
   Result(indx) = Rnd * indx * 20000
   If Err.Number < > 0 Then
                                 '弹出一个信息框 MsgBox Err, ,
                                 "Error Generated: ", Err.HelpFile,
        Err.HelpContext
     Err.Clear                   ' 清除 Err 对象的属性
   Else
        indx = indx + 1
   End If
Loop
```

（1）Raise 方法

若运行时有错误发生，Err 对象的属性被填入明确识别错误的信息，以及处理这个错误所使用的信息。为了在代码中生成运行时错误，应使用 Raise 方法。

其语法格式为

```
Err.Raise number, source, description, helpfile, helpcontext
```

各参数的含义如表 12-2 所示。

表 12-2　Raise 参数的含义及说明

参　　数	说　　明
number	必须的。长整型数，用来识别错误性质。VB 错误（既有 VB 定义的错误也有用户定义的错误）的范围为 0～65 535：0～512 保留为系统错误，513～65 535 可以用作用户定义的错误。当在类模块中将 Number 属性设置成自己的错误代码时，可将错误代码号添加到 vbObjectError 常数上。例如，为了产生错误号 513，可将 vbObjectError+513 赋值给 Number 属性
source	可选的。字符串表达式，为产生错误的对象或应用程序命名。当设置对象的这一属性时，要使用窗体 project.class。如果没有指定 source，则使用当前 Visual Basic 工程的程序设计 ID
description	可选的。描述错误的字符串表达式。如果没有指定，则检查 Number 的值。如果可以将错误映射成 VB 运行时的错误代码，则将 Error 函数返回的字符串作为 Description 使用。如果没有与 Number 对应的错误，则要用到消息"应用程序定义的错误或对象定义的错误"
helpfile	可选的。帮助文件的完整限定路径，在帮助文件中可以找到有关错误的帮助信息
helpcontext	可选的。识别 helpfile 内的标题的上下文 ID，而 helpfile 中提供了有助于了解错误的描述

在任意形式的 Resume 或 On Error 语句之后，以及在错误处理子程序内的 Exit Sub, Exit Function 或 Exit Property 语句之后，将 Err 对象的属性重新设置为零或长度为零的字符串（""）。可使用 Clear 方法重新明确设置 Err 对象。

对于系统错误和类模块生成运行时的错误，要使用 Raise 方法而不使用 Error 语句。在其他代码中是否使用 Raise 方法，这要看想要返回的信息量有多大。另外，Err 对象是具有全局范围的固有对象，在代码中没有必要建立这些对象的实例。

（2）Err 对象的属性

Err 对象的默认属性是 Number。因为该默认属性可以用对象名称 Err 表示，所以不必修改以前用 Err 函数或 Err 语句书写的代码。Err 对象的常用属性如表 12-3 所示。

表 12-3　Err 对象的常用属性

属　　性	说　　明
Number	返回或设置表示错误的数值，是 Err 对象的默认属性
Description	返回或设置一个字符串表达式，包含与对象相关联的描述性字符串
HelpContext	返回或设置一个字符串表达式，包含 Windows 帮助文件中主题的上下文 ID
HelpFile	返回或设置一个字符串表达式，表示帮助文件的完整限定路径
LastDLLError	返回因调用动态链接库（DLL）而产生的系统错误号
Source	返回或设置一个字符串表达式，指明最初生成错误的对象或应用程序的名称

巩固与提高 12

1．VB 中常见的错误类型有哪些？

2．你在使用 VB 的过程中，常出现的错误有哪些？分析出错的原因。

3．VB 中常用的查找错误方法有哪些？

4．结合你使用 VB 的情况，说说程序调试的重要性。

附录 A　VB 6.0 中的属性名和事件名及其含义

1. VB6.0 中的属性

属性名	含义
ActiveControl	活动控件
ActiveForm	活动窗体
Alignment	文本对齐类型
Align	指定图形在图片框中的位置
Archive	文本列表框是否含有文档属性
AutoRedraw	控制对象自动重画
AutoSize	控制对象自动调整大小
BackColor	背景颜色
BackStyle	指定线型与背景的结合方式
BorderColor	边框颜色
BorderStyle	边框类型
BorderWidth	边框宽度
Cancel	命令按钮是否为 Cancel
Caption	标题
Checked	菜单项加标记
ClipControls	设置 Paint 事件是否重画整个控件
Columns	指定列表框水平方向显示的列数
ControlBox	窗体是否有控制框
Count	对象的数量
CurrentX	当前 X 坐标
CurrentY	当前 Y 坐标
Default	指定默认按钮

DragIcon	控件拖动过程中作为图标显示
DragMode	拖动方式
DrawMode	绘图方式
DrawStyle	设置线型
DrawWidth	设置线宽
Drive	指定驱动器（驱动器列表框）

Enabled	对象是否可用
EXEName	活动文件名称

FileName	文件名
FileNumber	文件号
FillColor	填充颜色
FillStyle	填充方式
FontBold	字体加粗
FontCount	字体种类计数
FontItalic	字体斜体
FontName	字体名称
Fonts	按序号返回可用字体名称
FontSize	字体大小
FontStrikethru	加中画线
FontTransparent	字体与背景叠加
FontUnderline	加下画线
ForeColor	前景颜色

Height	设置或返回对象的高度
HelpContextID	对象与 Help 文件连接的 ID 号
HelpFile	在应用程序中调用 Help 文件
Hidden	指定文件列表框内的文件是否是隐含文件

Icon	窗体最小化后显示的图标
Image	窗体或图片框的图形句柄
Index	设置或返回控件数组中控件的下标
Interval	设置或返回计时器时间间隔的毫秒数
ItemData	用于列表框或组合框，与 List 属性相同

KeyPreview	窗体先收到键盘事件还是控件先收到键盘事件

LargeChange	滚动框在滚动条内变化的最大值
Left	控件与窗体左边界的距离
ListCount	列表框计数
List	字符串数组
ListIndex	指定控件当前选择项的序号
Max,Min	指定滚动条的最大和最小值
MaxButton	最大化按钮
MaxLength	指定文本框的文本所接收的最大字符数
MDIChild	指定一个窗体为 MDI 子窗体
MinButton	最小化按钮
MousePointer	鼠标形状
MultiLine	设置多行文本框
MultiSelect	指定文本框或列表框为多项选择
Name	对象名称
NewIndex	列表框或组合框最近一次加入的项目的下标
Normal	指定文件列表框内文件的属性
Page	指定打印机当前页号
Parent	返回控件所在的窗体
PasswordChar	口令字符
Path	设置或返回当前路径
Pattern	在程序运行时文件列表框中显示的文件类型
Picture	图片属性
ReadOnly	文件属性为只读
ScaleHeight	用户定义的坐标系的高度
ScaleLeft	用户定义的坐标系起点的横坐标
ScaleMode	用户定义的坐标系的单位
ScaleTop	用户定义的坐标系起点的纵坐标
ScaleWidth	用户定义的坐标系的横坐标
ScrollBars	决定一个文本框是否有水平或垂直滚动条
Selected	返回文件列表框或列表框内项目的选择状态
SelLength	所选文本的长度

SelStart	所选文本的起点
SelText	所选文本的字符串
Shape	形状控件的显示类型
Shortcut	设置菜单项热键
SmallChange	滚动条最小变化值
Sorted	列表框或组合框中的项目是否按字母顺序排列
Stretch	图形装入图片框的方式
Style	指定组合框的类型
System	设置或返回列表框内的文件是否是系统文件
TabIndex	设置或返回控件的选取顺序
TabStop	用 Tab 键移动光标时是否在某个控件停留
Tag	控件的别名
Text	文本
Title	标题属性
Top	控件中窗体上边界的距离
TopIndex	设置列表框或文件列表框显示的第一个项目
TwipsPerPixelX	屏幕或打印机水平方向的点数
TwipsPerPixelY	屏幕或打印机垂直方向的点数
Value	滚动条移动后的值
Visible	控件是否可见
Width	对象宽度
WindowList	指定菜单项是否含有 MDI 窗体的窗口列表
WindowState	窗口状态
WordWrap	标签显示文本的方式
X1	设置或返回线型控件起点的横坐标
X2	设置或返回线型控件终点的横坐标
Y1	设置或返回线型控件起点的纵坐标
Y2	设置或返回线型控件终点的纵坐标

2. VB 6.0 中的事件

事件名	含义
Activate	控件激活

Change	改变
Click	单击

DblClick	双击
Deactivate	窗体非激活，在激活另一个窗体时发生
DragDrop	拖放
DropOver	拖动
DropDown	拖动后放下

KeyDown	按下键盘
KeyPress	键盘按键
KeyUp	键盘放开
Load	装入
LostFocus	失去指针

MouseDown	鼠标按下
MouseMove	鼠标移动
MouseUp	鼠标松开

Paint	控件重画
PathChange	路径改变
PatternChange	属性改变

QueryUnload	窗体队列关闭

Resize	改变尺寸

Scroll	滚动条滚动

Timer	计时器

Unload	卸载对象
Updated	更新

附录 B　VB 中对象的属性

本表列出 Visual Basic 中常用对象的常用属性，其中：

* 　　　表示在属性窗口中具有的属性，可直接在设计阶段设置；

\# 　　　表示在属性窗口中没有的属性，只能通过程序代码来设置、修改或读取。

属　性	窗体	标签	文本框	命令按钮	检查框	单选钮	框架	滚动条	列表框	组合框	驱动器列表框	目录列表框	文件列表框	直线	形状	计时器	图片框	图像框	通用对话框	菜单	打印机	屏幕
Action																			#			
ActiveControl	#																					*
ActiveForm																						*
Align																	*					
Alignment		*	*		*	*																
Archive													*									
Hidden													*									
Normal													*									
System													*									
AutoRedraw	*																*					
Autosize		*															*					
BackColor	*	*	*	*	*	*	*	*	*	*	*	*	*		*		*	*				
BackStyle		*													*							
BorderColor														*	*							
BorderStyle		*													*							
BorderWidth		*												*	*							
Cancel				*																		
CancelError																			*			
Caption	*	*		*	*	*	*													*		
Checked																				*		
ClipControls	*						*										*					
Color																			*			
Columns									*													
ControlBox	*																					
Copies																			*			
CurrentX	#																#				*	
CurrentY	#																#				*	

续表

属性	窗体	标签	文本框	命令按钮	检查框	单选钮	框架	滚动条	列表框	组合框	驱动器列表框	目录列表框	文件列表框	直线	形状	计时器	图片框	图像框	通用对话框	菜单	打印机	屏幕
DataChanged		*	*		*												*	*				
DataField		*	*		*												*	*				
DataSource		*	*		*												*	*				
Default				*																		
DefaultExt																			*			
DialogTitle																			*			
DragIcon		*	*	*	*	*	*	*	*	*	*	*	*				*	*				
DragMode		*	*	*	*	*	*	*	*	*	*	*	*				*	*			*	
DrawMode	*													*	*		*				*	
DrawStyle	*																*				*	
Drive													#									
Enabled	*	*	*	*	*	*	*	*	*	*	*	*	*			*	*	*		*		
FileName													#						*			
FileTitle																			#			
FillColor	*														*		*				*	
FillStyle	*														*		*				*	
Filter																			*			
FilterIndex																			*			
Flags																			*			
Fontbold	*	*	*	*	*	*	*	*	*	*	*	*	*				*		*		*	
FontItalic	*	*	*	*	*	*	*	*	*	*	*	*	*				*		*		*	
FontName	*	*	*	*	*	*	*	*	*	*	*	*	*				*		*		*	
FontSize	*	*	*	*	*	*	*	*	*	*	*	*	*				*		*		*	
FontStrikethru	*	*	*	*	*	*	*	*	*	*	*	*	*				*		*		*	
FontTransparent	*	*	*	*	*	*	*	*	*	*	*	*	*				*		*		*	
FontUndrline	*	*	*	*	*	*	*	*	*	*	*	*	*				*		*		*	
FontCount																					*	*
ForeColor	*	*	*	*	*	*	*	*	*	*	*	*	*				*		*		*	
FromPage																			*			
ToPage																			*			
hDC	#																#		#			
Height,Width	*		*	*	*	*	*	*	*	*	*	*	*	*	*		*	*			*	*
HelpCommand		*																	*			
HelpContext																			*			
HelpContextID	*		*	*	*	*	*	*	*	*	*	*	*				*			*		
HelpFile																			*			

属性	窗体	标签	文本框	命令按钮	检查框	单选钮	框架	滚动条	列表框	组合框	驱动器列表框	目录列表框	文件列表框	直线	形状	计时器	图片框	图像框	通用对话框	菜单	打印机	屏幕
HelpKey																			*			
HideSelection			*																			
hwnd	#		#	#	#	#	#	#	#	#	#	#	#				#					
Icon	*																					
Image	#																#					
Index		*	*	*	*	*	*	*	*	*	*	*	*			*	*	*	*	*		
InitDir																			*			
Interval																*						
ItemData									#	#												
KeyProview	*																					
LargeChange								*														
SmallChange								*														
Left,Top	*	*	*	*	*	*	*	*	*	*	*	*	*			*	*	*	*			
LinkItem		*	*														*					
LinkMode	*	*	*														*					
LinkTimeout		*	*														*					
LinkTopic	*	*	*														*					
List									#	#	#	#	#									
ListCount									#	#	#	#	#									
ListIndex									#	#	#	#	#									
Max,Min																			*			
Maxbutton	*																					
Minbutton	*																					
MaxFileSize																			*			
MaxLength			*																			
MDIChild	*																					
MousePointer	*	*	*	*	*	*	*	*	*	*	*	*	*				*	*				*
MultiLine			*																			
MultiSelect									*				*									
Name	*	*	*	*	*	*	*	*	*	*	*	*	*			*	*	*	*			
NewIndex									#	#												
Page																					*	
Parent		#	#	#	#	#	#	#	#	#	#	#	#	#	#	#	#	#		#		
PasswordChar			*																			
Path												#	#									
Pattern													*									

续表

属　性	窗体	标签	文本框	命令按钮	检查框	单选钮	框架	滚动条	列表框	组合框	驱动器列表框	目录列表框	文件列表框	直线	形状	计时器	图片框	图像框	通用对话框	菜单	打印机	屏幕
Picture	*																*	*				
PrinterDefault																			*			
ReadOnly													*									
ScaleHeight	*																*				*	
ScalWidth	*																*				*	
ScaleLeft	*																*				*	
ScaleTop	*																*				*	
ScaleMode	*																*				*	
ScrollBars			*																			
Selected									#				*									
SelLength			#							#												
SelStart			#							#												
SelText			#							#												
Shape															*							
Shortcut																				*		
Stretch																		*				
Style										*												
TabIndex		*	*	*	*	*	*	*	*	*	*	*	*				*					
TabStop			*	*	*	*		*	*	*	*	*	*				*					
Tag	*	*	*	*	*	*	*	*	*	*	*	*	*	*	*	*	*	*	*			
Text			*						#	*												
TopIndex									#				#									
TwipsPerPixelX																					*	*
TwipsPerPixelY																					*	*
Value				#	*	*		*														
Visible	*	*	*	*	*	*	*	*	*	*	*	*	*	*	*	*	*	*	*	*		
WindowList																				*		
WindowsState	*																					
WordWrap				*																		
X1,Y1														*								
X2,Y2														*								

附录 C　VB 中对象的事件

本表列出 Visual Basic 中部分对象所能响应的常用事件。

事件	对象																
	窗体	标签	文本框	命令按钮	检查框	单选钮	框架	滚动条	列表框	组合框	驱动器列表框	目录列表框	文件列表框	计时器	图片框	图像框	菜单
Active	*																
Deactivate	*																
Change		*	*					*		*	*	*			*		
Click	*	*	*	*	*	*	*		*	*		*	*		*		*
DblClick	*	*	*			*	*		*	*			*		*	*	
DragDrop	*	*	*	*	*	*	*	*	*				*		*	*	
DragOver	*	*	*	*	*	*	*	*	*	*	*	*	*		*	*	
DropDown										*							
GotFocus	*		*	*	*	*		*	*	*	*	*	*		*		
KeyPress	*		*	*	*	*		*	*	*	*	*	*		*		
KeyDown	*		*	*	*	*		*	*	*	*	*	*		*		
KeyUp	*		*	*	*	*		*	*	*	*	*	*		*		
LinkClose	*	*	*												*		
LinkError	*	*	*												*		
LinkExcute	*																
LinkNotify		*	*														
LinkOpen	*	*	*												*		
Load	*																
LostFocus	*		*	*	*	*		*	*	*	*	*	*		*		
MouseDown	*	*	*	*	*	*	*		*			*	*		*	*	
MouseUp	*	*	*	*	*	*	*		*			*	*		*	*	
MouseMove	*	*	*	*	*	*	*		*			*	*		*	*	
Paint	*														*		
PathChange													*				
PtternChange													*				
QueryUnload	*																
Resize	*														*		
Scroll								*									
Timer														*			
Unload	*														*		

附录 D　VB 中对象的方法

方　法	对　象																	
	窗体	标签	文本框	命令按钮	检查框	单选钮	框架	滚动条	列表框	组合框	驱动器列表框	目录列表框	文件列表框	直线	形状	图片框	图像框	打印机
AddItem									*	*								
Circle	*															*		
Clear									*	*								*
Cls	*															*		
Drag		*	*	*	*	*	*	*	*	*	*	*	*			*	*	
EndDoc																		*
Hide	*																	
Line	*															*		*
LinkExecute		*	*													*		*
LinkPoke		*	*													*		
LinkRequest		*	*													*		
LinkSend																*		
Move	*	*	*	*	*	*	*	*	*	*	*	*	*	*	*	*	*	*
NewPage																	*	
Point	*															*		
Print	*															*		*
PrintForm	*																	
Pset	*															*		*
Refresh	*	*	*	*	*	*	*	*	*	*	*	*	*	*	*	*	*	
RemoveItem									*	*								
Scale	*															*		
SetFocus	*	*	*	*	*			*	*	*	*	*	*			*		
Show	*																	
TextHeight	*															*		*
TextWidth	*															*		*